アマチュア無線技士国家試験

第3級/第4級ハム

解説つき問題集

統合版

野口 幸雄 / 深山 武 共著

CQ出版社

はしがき

　本書は、公益財団法人 日本無線協会が実施している「第三級アマチュア無線技士」の無線従事者国家試験の「無線工学」と「法規」の科目に出題された問題と答を、出題範囲ごとにまとめたものです。

　国家試験では、この既出問題が繰り返し出題されていますから、本書の問題をマスターすれば、容易に合格点をとることができます。

　第三級アマチュア無線技士の国家試験に合格し、無線従事者の免許をとれば、出力も50Wで運用ができますし、電信を使った交信も楽しめるようになるので、あなたのハムライフが一段と広がることでしょう。

　アマチュア局は、個人間の単なる連絡用の無線局ではありませんから、アマチュア無線を通じて無線技術に興味をもたれ、技能の向上を目指して第二級や第一級アマチュア無線技士の資格にも挑戦されることを期待します。

　第3級ハム解説付き問題集 改訂第1版（2020年3月1日発行）より、第四級アマチュア無線国家試験問題の問題シートを模した「模擬試験」を収録することにより、第三級、第四級を統合した問題集となりました。

　新たに追加した第四級アマチュア無線国家試験問題集は、国家試験で使われる問題シートを再現した形になっており、1回の国家試験で実施される問題内容と問題数を合わせることにより、自己採点で合否の判定をできるようにしています。

　また、第四級アマチュア無線国家試験問題の解説は第3級ハム解説付き問題集の部分を参照するページ数を示すことで、解答の導き方や根拠を学べるようになっています。

第3級/第4級ハム解説つき問題集　目次

［Ⅰ］第3級アマチュア無線技士 無線工学編

［Ⅱ］第3級アマチュア無線技士 法規編

［Ⅲ］第4級アマチュア無線技士 模擬試験問題集

本書の特長／使い方

1　**本書の問題をマスターすれば、「無線工学」および「法規」の合格点を得ることができる。**

　本書は、近年、公益財団法人 日本無線協会（以下「日本無線協会」という）が実施している「第3級アマチュア無線技士」の国家試験の「無線工学」と「法規」の試験科目に出題された問題と答に解説を付け、出題範囲ごとに集録してあります。試験では、この問題が繰り返し出題されていますから、本書の問題をマスターすれば合格点を得ることができます。

　本書に収録されている問題は、次のように変更されて出題されることがありますから、ご注意ください。

　① 　計算問題の題意の数値が変更された問題

　② 　答となる選択肢が同じで他の選択肢の内容が全部または一部が異なる問題

　③ 　選択肢が同じで順番が入れ替わった問題

2　**出題数の多い出題範囲がわかるので、能率よく学習ができる。**

　国家試験の問題は、出題範囲ごとに決められた数の問題が出題されます〔**表5**（p.12）参照〕から、本書も既出問題を出題範囲ごとにまとめてあります。

　「無線工学」は、「電気物理・電気回路・半導体」、「送信機」、「受信機」、「電波障害」および「測定」の範囲からそれぞれ2問題、その他の範囲からはそれぞれ1問題の合計14問題が出題されます。また、「法規」は、「無線局の運用」の範囲から5問題、「国際法規」、「無線局の免許」、「監督、電波利用料」および「モールス符号」の範囲からそれぞれ2問題、その他の範囲からはそれぞれ1問題の合計16問題が出題されます。出題数の多い出題範囲の問題に重点をおいて学習できます。

3　**答の他に 解説 が付いているので、理解しやすい。**

　「無線工学」および「法規」の問題は、四つの選択肢（せんたくし）の中から正解の肢（あし）を一つ選ぶ四肢択一式のものですが、肢の順番が入れ変わっていたり、一つまたは二つの肢が変わって出題されることがありますから、問題を丸暗記することは困難です。

　本書では、問題の答（正解の肢の番号）の他に 解説 を付け、「無線工学」の問題については、答になる肢の番号がどれになるかを理解するための説明、計算問題の場合は必要な公式および算出方法などを、「法規」の問題については、答になる肢の番号の根拠になる電波法令の条文を記載してあります。

— 4 —

　なお、条文がどの電波法令の第何条のものかがわかるように、条文の末尾の（　）内に、たとえば「法2条」のように法令の名称と条文番号を記載してあります。この場合の法令の名称は、次のように略記しています。

　国際電気通信連合憲章に規定する無線通信規則…無線通信規則、電波法…法、電波法施行令…施行令、電波法施行規則…施行、無線局免許手続規則…免則、無線従事者規則…従事者、無線局運用規則…運用、無線設備規則…設備、無線局（放送局を除く。）の開設の根本基準…根本基準

4　答は、正解の肢の番号を覚えるのではなく、その内容を理解すること。

　問題の選択肢は、適当な用紙で隠し、問題が何を求めているのかをよく理解し、答を記述するのならどのように書いたらよいか、大体のことを想定してから四つの選択肢を見るようにして学習してください。正解の肢は、四つのうち一つだけです。また、本書の問題の肢の並べ順が変わって出題されることがありますから、答の肢の番号（何番目が正解）を丸暗記するのではなく、答の文章の内容をよく理解してください。

5　「無線工学」の計算問題は、数値の単位の変換を間違えないようにすること。

　計算問題には、解説に算出方法を説明してありますが、単に目を通すだけでなく、実際に書いて計算してみてください。この場合、数値の単位が基本単位（A、Hz など）なのか、補助単位（mA、kHz）なのかに注意し、公式に数値を代入する場合、補助単位を基本単位に変換するときに間違わないようにしてください。また、題意の数値が変更されて出題されることもあります。

　本書に収録してある計算問題は、題意の数値が変更されて出題されますから、解説の計算方法をよく理解してください。

6　「法規」は、解説の電波法令の条文とモールス符号を覚えること。

　「法規」の問題は、電波法令の同一条文から数種類の問題と欧文のモールス符号の理解度を確認する問題が出題されています。答の正解になる肢の番号の根拠になる電波法令の条文をよく理解してください。条文中の太字の部分が注意する箇所です。

7　第4級アマチュア無線技士国家試験　模擬試験集

　2020年3月1日発売の「改訂 第1版」から、第4級アマチュア無線技士国家試験の模擬試験集を収録しています。問題は国家試験1回分にあたる「法規」と「無線工学」の問題を国家試験問題シートを再現した形で20シート分を収録しています。国家試験は同じ問題が繰り返し出題されており、新問題はあっても1題程度です。このことから、本

表1　アマチュア無線技士の資格と操作できる無線設備の範囲

資　格	操作できる無線設備の範囲
第4級 アマチュア無線技士	アマチュア無線局の無線設備で次に掲げるものの操作（モールス符号による通信操作を除く。） 1　空中線電力10ワット以下の無線設備で21メガヘルツから30メガヘルツまで又は8メガヘルツ以下の周波数の電波を使用するもの 2　空中線電力20ワット以下の無線設備で30メガヘルツを超える周波数の電波を使用するもの
第3級 アマチュア無線技士	アマチュア無線局の空中線電力50ワット以下の無線設備で、18メガヘルツ以上又は8メガヘルツ以下の周波数の電波を使用するものの操作
第2級 アマチュア無線技士	アマチュア無線局の空中線電力200ワット以下の無線設備の操作
第1級 アマチュア無線技士	アマチュア無線局の無線設備の操作

書に収録されている模擬試験シートを繰り返し解いてみることで合格圏内へ到達することができます。

　答えを自己採点することで合否の判定をできるようになっているほか、問題の解き方の解説や法規の出題根拠について、第3級ハム　解説付き問題集で解説されている頁を「☞○○ページ」で示していますので、解答への理解を深めることができます。

アマチュア無線技士の資格の種類と操作範囲

　アマチュア無線を始めるには、まず、表1のような第4級アマチュア無線技士、第3級アマチュア無線技士、第2級アマチュア無線技士および第1級アマチュア無線技士のいずれかの資格を取得してから、アマチュア無線局の免許を得なければなりません。各級のアマチュア無線技士の資格は、表1のように操作することができるアマチュア局の無線設備の範囲が異なっています。

　第3級アマチュア無線技士の資格者は、空中線電力50W以下の無線設備で、10MHzおよび14MHz以外の周波数の電波を使用して、無線電話、テレビ、ファクシミリなどの画像通信のほかに、モールス符号を送りまたは受ける無線電信の通信操作を行うことができます。

　このように、第3級アマチュア無線技士の資格は、第4級アマチュア無線技士の資格よりその操作できる無線設備の範囲が拡大されています。

アマチュア無線技士の資格を得る方法

　第 4 級アマチュア無線技士または第 3 級および第 2 級アマチュア無線技士の資格は「日本無線協会が行う国家試験に合格する」か、あるいは「一般財団法人 日本アマチュア無線振興協会（JARD）などが行う養成課程講習会を受講して修了試験に合格する」かのいずれかを経て、総合通信局長（沖縄総合通信事務所長を含む、第 2 級は総務大臣）から無線従事者の免許を得るという、二つのコースがあります。

　第 1 級アマチュア無線技士の資格は、日本無線協会が行う国家試験に合格し、総務大臣から無線従事者の免許を得なければなりません。

第 3 級 / 第 4 級アマチュア無線技士の試験案内

1. 試験地・試験日時
（1）試験地は、東京、札幌、仙台、長野、新潟、長岡、金沢、名古屋、静岡、大阪、広島、松江、岡山、松山、高知、高松、徳島、熊本、鹿児島、福岡、大分、北九州、那覇の 23 箇所で、東京では年 6 回（奇数月）、大阪では年 9 回、名古屋と札幌では年 12 回、それ以外の試験地では年 1 から 5 回行われています（平成30 年度の例）。試験地及び試験の期日（試験月、試験日）は、次のいずれかにより知ることができます。

◎　CQ 出版社 / 月刊誌　CQ ham radio の毎月号（19 日発売）の「アマチュア無線技士国家試験日程」を見る。

◎　日本無線協会のホームページ（http://www.nichimu.or.jp または「日本無線協会」で検索する。）の「第三級及び第四級アマチュア無線技士国家試験案内」を見る。

（2）当日受付試験

　東京（本部）の試験に限り、（1）の試験（奇数月）のほか、毎月（8 月を除く。）の第 3 日曜日に当日受付による試験が行われています。詳細は、5.（p.9）をご覧ください。

2.　試験申請書の受付期間
　受付期間は、試験月の 2 か月前の月の 1 日から 20 日、21 日または 22 日までです。なお、インターネットによる申請の受付期間は、曜日にかかわらず受付月の 1 日から 20 日までです。

3.　試験手数料及び受験票送付用郵送料　　　　　　　　　　5.（p.9）参照

4.　試験開始時刻
　試験開始時刻は、受験票に記載されて通知されます。

表2　試験科目と内容

試験科目	内　　容
法　　規	①　電波法及びこれに基づく命令の簡略な概要 ②　通信憲章、通信条約及び無線通信規則の簡単な概要
無線工学	①　無線設備の理論、構造及び機能の初歩 ②　空中線系等の理論、構造及び機能の初歩 ③　無線設備及び空中線系等のための測定機器の理論、構造及び機能の初歩 ④　無線設備及び空中線系並びに無線設備及び空中線系等のための測定機器の保守及び運用の初歩

表3　試験申請書の提出先および電話番号

受験希望地	事務所の名称	事務所の所在地
東　京	日本無線協会 本　部	〒104-0053　東京都中央区晴海 3-3-3 ☎ 03-3533-6022
長　野 新　潟 長　岡	日本無線協会 信越支部	〒380-0836　長野市南県町 693-4　共栄火災ビル ☎ 026-234-1377
名古屋 静　岡	日本無線協会 東海支部	〒460-8559　名古屋市中区丸の内 3-5-10　名古屋丸の内ビル ☎ 052-951-2589
金　沢	日本無線協会 北陸支部	〒920-0919　金沢市南町 4-55　WAKITA 金沢ビル ☎ 076-222-7121
大　阪	日本無線協会 近畿支部	〒540-0012　大阪市中央区谷町 1-3-5　アンフィニィ・天満橋ビル ☎ 06-6942-0420
広　島 松　江 岡　山	日本無線協会 中国支部	〒730-0004　広島市中区東白島町 20-8　川端ビル ☎ 082-227-5253
松　山 高　知 高　松 徳　島	日本無線協会 四国支部	〒790-0003　松山市三番町 7-13-13　ミツネビルディング 203 号 ☎ 089-946-4431
熊　本 鹿児島 福　岡 大　分 北九州	日本無線協会 九州支部	〒860-8524　熊本市中央区辛島町 6-7　いちご熊本ビル 7F ☎ 096-356-7902
仙　台	日本無線協会 東北支部	〒980-0014　仙台市青葉区本町 3-2-26　コンヤスビル ☎ 022-265-0575
札　幌	日本無線協会 北海道支部	〒060-0002　札幌市中央区北 2 条西 2-26　道特会館 ☎ 011-271-6060
那　覇	日本無線協会 沖縄支部	〒900-0027　那覇市山下町 18-26　山下市街地住宅 ☎ 098-840-1816

5. 当日受付試験（東京の試験）

◎ 試験日　　　　　　毎月（8 月を除く）第 3 日曜日

◎ 試験開始時刻　13 時

◎ 試験会場　　　　　日本無線協会本部（東京都中央区晴海 3 丁目）

◎ 試験申請書の受付時間　午前 11 時から受け付けています。ただし、定員（200 名）になり次第締め切られます。

◎ 試験手数料など　　　　　試験申請書の用紙代 120 円、試験手数料 3 アマ：5,200 円 /4 アマ：4,950 円（令和 2 年 4 月 1 日からは 3 アマ：5,400 円 /4 アマ：5,100 円）

◎ 写真（縦 3cm、横 2.4cm のもの）2 枚（試験用 1 枚、無線従事者の免許申請用 1 枚）及び筆記用具（鉛筆、消しゴム、ボールペンなど）を持参します。写真の規格などは、**13.**（p.13）参照。

◎ 試験結果は、試験終了の約 1 時間後に発表されます。合格者は、無線従事者免許の申請が当日、次の要領でできます。

　　◇ 無線従事者の免許申請書には、写真を貼り、氏名、生年月日を証明する書類（住民票など）を添付するか住民票コードなどを記載します。

　　◇ 無線従事者の免許申請手数料など

　　　無線従事者の免許申請書の用紙代 170 円、免許申請手数料 2,100 円（申請取次料 350 円を含む。）

6. 試験科目

試験科目は、「法規」と「無線工学」の 2 科目で、電波法令で規定されている内容は、**表 2** のとおりです。

7. 試験問題の形式

多肢選択式（択一式）による筆記試験です。目の見えない方の場合は、記述式（多肢選択式ではありません。）による口述試験（口頭試問形式）で行われます。

8. 受験申請手続

日本無線協会の定める様式による試験申請書を提出します。またはインターネットからの申請ができます。

9. 試験申請書の提出先・受付時間

(1) 試験申請書は、希望する試験地を担当する**表 3** の日本無線協会の事務所宛に郵送するか、または直接事務所に持参します。郵送による場合は、申請書が完備しており、かつ、受付期間中の消印のあるものに限り受け付けられます。

(2) 日本無線協会の事務所での受付時間は、月曜日から金曜日（祝日を除く。）までの、午前 9 時から午後 5 時までです。

写真1　試験申請書の記入例

※ 4アマの場合は四を記入

(3) インターネット申請は、日本無線協会のホームページから申請してください。

10. 試験申請書などの入手方法

(1) 試験申請書（**写真1**）及び試験手数料払込用紙は、日本無線協会、一般社団法人　日本アマチュア無線連盟、一般財団法人 情報通信振興会またはアマチュア無線関係図書類取扱店で購入できます。

(2) 日本アマチュア無線連盟 販売係（〒170-8073　東京都豊島区南大塚 3-43-1 大塚　HT ビル6階）では、「国家試験受験申請書」（120円・送料84円）として販売しています。

◎　**写真1**は、試験申請書の記入例です。「記入の心得」を見て間違いのないように記入してください。特に、漢字で記入する「氏名」の部分は、必ず戸籍謄本または住民登録のものと同じ文字で記入してください。

◎　試験申請書は、記入上でミスがあると、不備な書類として申請者に返送され、申請受付期間内に再提出できないことがありますから、できるだけ早く提出するようにしてください。

11. 試験手数料及び受験票送付用郵送料

　　郵送による申請の場合は、日本無線協会の定める振込用紙により、ゆうちょ銀行または郵便局に払い込み、「振替払込受付証明書」を試験申請書の所定の欄にはがれないように貼ります。また、インターネットによる申請の場合は、受

┌─ ●記入の心得● ─────────────────────────────

　この申請書は、受付け後の事務処理を電子計算機で処理しますから、□枠内に記入もれ、まちがいのないように注意して記入してください。

1. 黒か青のインクまたはボールペンで、ていねいに記入してください。

2. 「氏名のフリガナ」欄はカタカナで記入し、姓と名前の間を1マスあけ、濁点・半濁点は1マスとして使用してください。

3. 「生年月日の年号」欄および「性別」欄は、該当するローマ字に○印をつけてください。

4. 「生年月日の年月日」欄は、1ケタの数がある場合は、はじめに0を入れてください。

5. 「都道府県コード」欄は、次に掲げる都道府県に該当する2ケタの番号を記入してください。

01 北海道	02 青森県	03 岩手県	04 宮城県	05 秋田県
06 山形県	07 福島県	08 茨城県	09 栃木県	10 群馬県
11 埼玉県	12 千葉県	13 東京都	14 神奈川県	15 新潟県
16 富山県	17 石川県	18 福井県	19 山梨県	20 長野県
21 岐阜県	22 静岡県	23 愛知県	24 三重県	25 滋賀県
26 京都府	27 大阪府	28 兵庫県	29 奈良県	30 和歌山県
31 鳥取県	32 島根県	33 岡山県	34 広島県	35 山口県
36 徳島県	37 香川県	38 愛媛県	39 高知県	40 福岡県
41 佐賀県	42 長崎県	43 熊本県	44 大分県	45 宮崎県
46 鹿児島県	47 沖縄県			

6. 「現住所のフリガナ」欄は、カタカナ、数字およびローマ字で記入し、郡・支庁・区・市・町・村等の区切りは1マスあけてください。濁点・半濁点は1字とし、○○アパート、○○様方も記入してください。受験票等にはこのフリガナを転記し、郵送しますのでまちがいのないようにしてください。なお、都道府県名はいりません。

7. 赤ワク内は記入しないでください。

8. 試験手数料は、無線協会所定の払込用紙により郵便局に払込み、「郵便振替払込受付証明書」を所定の欄に、はがれないように貼り付けてください。

└──────────────────────────────────────

付時に知らされる方法で払い込みます。なお、試験申請書を日本無線協会の窓口に持参して申請する場合は、現金で受け付けてもらえます。

◎　試験申請書の受付後は、試験手数料は返されません。また、次回の試験に充当することもできません。

12. 受験票・受験整理票

(1) 試験の行われる月の前月の中旬頃に、「受験票・受験整理票」が郵送されてきます。

試験場、試験日時などが記載されていますので確認してください。なお、「受験票・受験整理票」が交付された後は、試験場、試験日程などの変更はできません。

◎ 「受験票・受験整理票」を受け取ったら，あらかじめ試験場への交通経路，所要時間などを調べておき、試験当日は遅刻しないようにしてください。万一、遅刻した場合は受験できません。試験場までの所要時間は、交通混雑、乗り換えなどで予想以上に時間がかかることがあります。

(2) 試験が行われる月の前月の月末までに「受験票・受験整理票」が手元に届かない場合は、試験申請書を提出した日本無線協会の事務所に問い合わせてください。

(3) 「受験票・受験整理票」の不着の場合または紛失した場合には、試験開始前ま

表4 試験科目、問題数、合格点および試験時間

試験科目	問題数	1問あたりの配点	問題形式	1問あたりの設問数	満点	合格点	試験時間
無線工学	14	5	択一式	1	70	45	1時間10分
法規	16		択一式	1	80	55	

表5 国家試験の出題範囲と問題数

無線工学		法規	
出題範囲	問題数	出題範囲	問題数
1. 電気物理・電気回路・半導体	2問	1. 電波法の目的及び用語の定義 2. 無線局の免許	2問
2. 電子回路	1問	3. 無線設備	1問
3. 送信機	2問	4. 無線従事者	1問
4. 受信機	2問	5. 無線局の運用	5問
5. 電波障害	2問	6. 監督、電波利用料	2問
6. 電源	1問	7. 業務書類	1問
7. 空中線・給電線	1問	8. 国際法規	2問
8. 電波伝搬	1問	9. モールス符号	2問
9. 測定	2問		
計	14問	計	16問

表6 最近の3アマの国家試験の合格率等

年度	申請者数	棄権者数	受験者数	合格者数	合格率（％）
27年度	2,412	225	2,187	1,735	79.3
28年度	2,401	205	2,196	1,777	80.9
29年度	2,132	163	1,969	1,554	78.9
30年度	2,116	166	1,950	1,536	78.8

でに申し出れば、試験当日、試験場で再発行してもらえます。

13. 受験のときに必要な写真

　日本無線協会から郵送されてくる「受験票・受験整理票」には、写真を貼って受験の際に提出します。この写真の規格は、無帽、正面、上三分身(胸から上)、無背景、白枠のない試験日6か月以内に撮影した縦3.0cm、横2.4cmのもの(前髪で顔がかくれたり、サングラス着用のものは使用できません。)で、裏面に氏名、受験資格名を記載しておきます。

◎ 試験に合格して無線従事者の免許を申請するときにも、同じ規格の写真が必要になりますから、2枚用意しておいてください。写真はモノクロでもカラーでもかまいません。

14. 試験の結果

　試験に合格したか不合格かは、試験の終了後約1か月後に「無線従事者国家試験結果通知書」のハガキで通知されます。

15. その他

(1) 試験申請書提出後その申請書に記載した現住所に変更が生じたときは、速やかに郵便局(配達局)へ住所変更届(転居届)を提出しておいてください。
(2) 試験場には駐車場がありませんので、車での来場はご遠慮ください。
(3) その他不明な点は、日本無線協会の事務所へお尋ねください。

国家試験の出題範囲、問題数、合格率

(1)　試験科目、問題数など

　試験科目、問題数、配点、満点、合格点及び試験時間は表4のとおりです。
◎「無線工学」は、14問のうち9問、「法規」は16問のうち11問正解すれば合格します。

(2)「無線工学」と「法規」の出題範囲と問題数

　「無線工学」と「法規」の出題範囲と問題数は、表5のとおりです。

(3)　国家試験の合格率など

　表6は、第3級アマチュア無線技士の最近の国家試験の年度別の申請者数、棄権者数、受験者数、合格者数及び合格率です。

試験当日の注意

(1)「受験票・受験整理票」(写真欄に写真を貼ったもの)、筆記具として黒または青のボールペンや万年筆、HBまたはBの鉛筆とプラスチック消しゴムなどを携行し、試

写真2　問題用紙と答案用紙の例

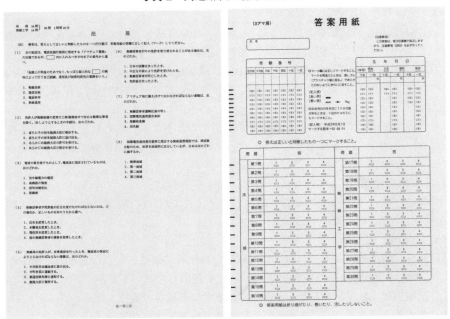

験開始時刻の 10 分前までに試験場に入場してください。

(2) 答案用紙は、電子計算機によって採点処理されますので、**写真2** のような様式のものが使用されています。答案用紙には、HB または B の鉛筆を使って氏名を漢字で、受験番号、生年月日を算用数字で記入し、さらに受験番号、生年月日、解答をマークする (塗りつぶす) ことになっています。

(3) 試験場では、電卓及び計算尺の使用はできません。

(4) 答案用紙は、白紙の場合でも必ず提出してください。

(5) 受験整理票は、試験終了後試験場で回収されますから、持ち帰ることはできません。**写真2** の問題用紙は、試験終了後持ち帰ることができます。

(6) 試験場ではすべて試験執行員の指示に従ってください。

(7) 無線従事者の免許申請

　合格したら無線従事者の免許申請を行います。必要な「無線従事者免許申請書」は、日本アマチュア無線連盟事務局、日本無線協会から入手できます。また、インターネットの総務省電波利用ホームページからもダウンロードできます。

第３級アマチュア無線技士

［I］無線工学編

§1 基礎知識

〔電気物理〕

問題 1 次の記述の　　　内に入れるべき字句の組合せで、正しいのはどれか。

図に示すように、プラス（＋）に帯電している物体aに、帯電していない導体b
を近づけると、導体bにおいて、物体aに近い側には　A　の電荷が生じ、
物体aに遠い側には　B　の電荷が生じる。この現象を　C　という。

	A	B	C
1.	マイナス	マイナス	電磁誘導
2.	マイナス	プラス	静電誘導
3.	プラス	マイナス	静電誘導
4.	プラス	プラス	電磁誘導

解説 ① プラス（＋）に帯電している物体aに帯電していない導体bを近づけると、b
の中のマイナス（－）の電荷をもった自由電子は、aのプラスの電荷に吸引されて**a**に
近い側に集まり**マイナスの電荷**、**遠い側**には**プラス**の電荷が現れます。このような現
象を**静電誘導**といいます。

② コイル内を通る磁力線が変化すると、コイルに起電力が生じ、コイルに電流が流れ
る現象を電磁誘導といいます。

答 2

問題 2 次の記述の　　　内に入れるべき字句の組合せで、正しいのはどれか。

鉄片は磁石に近づけると磁化され、磁石のN極に近い端が　A　に、遠い
端が　B　になって、磁石は鉄片を　C　する。このような現象を磁気誘
導という。

	A	B	C
1.	S極	N極	吸引
2.	S極	N極	反発
3.	N極	S極	吸引

4. N極　　S極　　　反発

[解説] 物質が磁石の性質を帯びることを磁化といいます。磁石にはN極とS極があって、N極とS極は互いに引き合い、同種の磁極の場合は反発し合う性質があります。

[答] 1

[問題] 3　次の記述の[　　　]内に入れるべき字句の組合せで、正しいのはどれか。

磁気誘導を生じる物質を磁性体といい、鉄、ニッケルなどの物質は[　A　]という。また、加えた磁界と反対の方向にわずかに磁化される銅、銀などは[　B　]という。

	A	B
1.	強磁性体	反磁性体
2.	強磁性体	常磁生体
3.	非磁性体	反磁性体
4.	非磁性体	常磁性体

[解説] ①　磁気誘導は、磁石のN極に鉄片を近づけると、鉄片には、磁石に近い端にS極、遠い端にN極が現れる現象をいいます。このとき鉄片は磁化されたといいます。

②　磁気誘導を生じる（磁界中で磁化される）物質を磁性体といい、このうち鉄やニッケルなどのように、強く磁化される物質を強磁性体、ほとんど磁化されない物質を非磁性体といいます。

③　非磁性体は、次の常磁性体と反磁性体に分けられます。

(1) 図の鉄片（強磁性体）と同じように、加えた磁石の磁界方向にわずかに磁化されるアルミニウム、白金などの物質を常磁性体といいます。

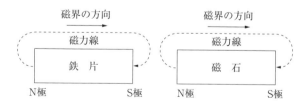

(2) 加えた磁界とは反対方向に、すなわち、磁石のN極に近い側がN極になり、遠い側がS極にわずかに磁化される銅、銀などの物質を反磁性体といいます。

[答] 1

問題 4 図に示すように、2本の軟鉄棒(A と B)に互いに逆向きとなるようにコイルを巻き、2本が直線状になるように置いてスイッチ S を閉じると、A と B はどのようになるか。

1. 変化がない。
2. 引き付け合ったり離れたりする。
3. 互いに引き付け合う。
4. 互いに離れる。

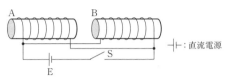

解説 ①　図(a)のように、軟鉄棒に巻いたコイルに図の方向に電流を流すと、軟鉄棒の左端が N 極、右端が S 極の磁石になります。このようなコイルを電磁石といいます。電磁石のコイルの巻き方、電流の方向及び磁極の関係を知るには、図(b)のように、右手の親指を横に出し、他の 4 本の指を折り曲げ、その指がコイルを流れる電流の方向に沿うようにすれば、親指の方向の軟鉄棒の端が N 極になります。また、コイルに流す電流の向きを逆にしたり、コイルの巻き方を逆向きにすると、コイルを流れる電流の方向が逆になるので、極性も逆になります。

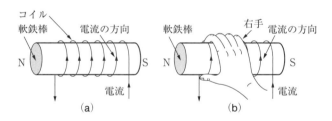

(a)　　　　　　　　　　　(b)

②　磁石は、同じ極性同士、すなわち N 極と N 極、S 極と S 極は反発し、N 極と S 極は、互いに引き合います。

③　問題の図のスイッチ S を閉じたとき、A と B の軟鉄棒のコイルに流れる電流の方向がわかれば、図(b)の方法により、軟鉄棒 A と B の両端の極性がわかります。問題の図では A と B のコイルに流れる電流は逆方向になり、A の右端が S 極、B の左端が S 極になります。このため、S 極と S 極は反発するので、A と B の軟鉄棒は**互いに離れます**。

答 4

問題 5 図に示す回路において、静電容量 8〔μF〕のコンデンサに蓄えられている電荷が 2×10^{-5}〔C〕であるとき、静電容量 2〔μF〕のコンデンサに蓄えられる電荷の値として、正しいのは次のうちどれか。

1. 5×10^{-6}〔C〕

2. 6×10^{-6} [C]

3. 7×10^{-5} [C]

4. 8×10^{-5} [C]

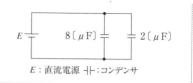

E：直流電源 —┤├：コンデンサ

解説 ① コンデンサは、2枚の金属板を平行になるように置き、その間に誘電体（絶縁物）を入れた部品で、電荷を蓄えることができ、次のような図記号で表されます。可変コンデンサは、静電容量が変化する部品です。

(a) コンデンサ　　(b) 可変コンデンサ

② 電荷のもつ電気の量を電気量といい、単位にはクーロン〔C〕が用いられます。クーロン〔C〕の 10^{-6} 倍をマイクロクーロン〔μC〕といいます。

③ 電荷を蓄える能力を静電容量といい、単位にはファラド〔F〕が用いられます。ファラド〔F〕の 10^{-6} 倍をマイクロファラド〔μF〕、10^{-12} 倍をピコファラド〔pF〕といいます。

④ コンデンサに直流電圧を加えると、電荷が充電されるまで直流電流が流れますが、その後は流れません。

⑤ コンデンサに蓄えられる電荷 Q〔C〕は、両端に加える電圧 E〔V〕に比例します。このときの比例定数 C を静電容量といい、次の関係式が成立します。

$$Q = CE$$

⑥ 8〔μF〕のコンデンサ C_1 に、電荷 $Q_1 = 2 \times 10^{-5}$〔C〕が蓄えられたときの両端の電圧は、

$$E = \frac{Q_1}{C_1} = \frac{2 \times 10^{-5}}{8 \times 10^{-6}} = \frac{2}{8} \times 10 = 2.5 \text{〔V〕}$$

⑦ 求める 2〔μF〕のコンデンサ C_2 に蓄えられる電荷 Q_2 は、電源の電圧が 2.5〔V〕なので、④の式に題意の数値を代入すれば、

$$Q_2 = C_2 \times E = 2 \times 10^{-6} \times 2.5 = 5 \times 10^{-6} \text{〔C〕}$$

答 1

〔電気回路〕

問題 6 2〔A〕の電流を流すと 20〔W〕の電力を消費する抵抗器がある。これに 50〔V〕の電圧を加えたら何ワットの電力を消費するか。

1. 500〔W〕　　　　　　　　　2. 250〔W〕

3. 50〔W〕　　　　　　　　　4. 25〔W〕

解説 ① 　電流を制限する目的で作られた部品を抵抗器、または略して抵抗といい、単位にはオーム〔Ω〕が用いられます。オーム〔Ω〕の 10^3 倍をキロオーム〔kΩ〕、10^6 倍をメグオーム〔MΩ〕といいます。また、抵抗は、抵抗値が一定な抵抗、抵抗値を可変できる可変抵抗、動接点付抵抗があり、次のような図記号で表します。動接点付抵抗は、ab 間の抵抗値は変化せず、ac 間または bc 間の抵抗値が変化します。

(a)抵抗　　(b)可変抵抗　　(c)動接点付抵抗

② 　R〔Ω〕の抵抗器の両端に E〔V〕の電圧を加えたときに I〔A〕の電流が流れた場合、これらの間には次のような関係があります。この関係をオームの法則といいます。

$$I = \frac{E}{R}$$

③ 　R〔Ω〕の抵抗器の両端に E〔V〕の電圧を加えたとき、抵抗器に I〔A〕の電流が流れ、P〔W〕の電力が消費された場合、これらの間には、次のような関係があります。なお、オームの法則から $E = IR$，$I = \frac{E}{R}$ の関係があります。

$$P = IE = I^2R = \frac{E^2}{R}$$

④ 　2〔A〕の電流を流して 20〔W〕を消費する抵抗 R〔Ω〕は、③の式から、

$$P = I^2 \times R \qquad R = \frac{P}{I^2} = \frac{20}{2^2} = \frac{20}{4} = 5 〔Ω〕$$

⑤ 　したがって、題意の数値を③の式に代入すれば、求める電力 P〔W〕は、

$$P = \frac{E^2}{R} = \frac{50^2}{5} = \frac{2500}{5} = 500〔W〕$$

答 1

問題 7 　図に示す回路において、ab 端子間の電圧は、幾らになるか。

1. 20〔V〕
2. 24〔V〕
3. 30〔V〕
4. 48〔V〕

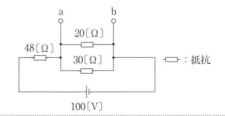

解説 ① 　**抵抗の直列接続と合成抵抗**

　図(a)のように、R_1〔Ω〕、R_2〔Ω〕、R_3〔Ω〕の抵抗を接続する方法を直列接続といい、

合成抵抗 R〔Ω〕は、次のように各抵抗の和で表されます。

$$R = R_1 + R_2 + R_3$$

(a)直列接続　　　(b)並列接続

② **抵抗の並列接続と合成抵抗**

図(b)のように、R_1〔Ω〕、R_2〔Ω〕、R_3〔Ω〕の抵抗を接続する方法を並列接続といい、合成抵抗 R〔Ω〕の逆数は、次のように各抵抗の逆数の和で表されます。

$$\frac{1}{R} = \frac{1}{R_1} + \frac{1}{R_2} + \frac{1}{R_3}$$

③ 20〔Ω〕の抵抗と 30〔Ω〕の抵抗を並列に接続したときの合成抵抗 R' は、②の式から、

$$\frac{1}{R'} = \frac{1}{20} + \frac{1}{30} = \frac{3+2}{60} = \frac{5}{60} \quad R' = \frac{60}{5} = 12〔Ω〕$$

ですから、回路の合成抵抗 R は、①の式から、

$$R = R' + 48 = 12 + 48 = 60〔Ω〕$$

④ 回路を流れる電流 I はオームの法則から、

$$I = \frac{E}{R} = \frac{100}{60} = \frac{5}{3}$$

⑤ 求める ab 端子間の電圧 E_{ab} は、

$$E_{ab} = I \times R' = \frac{5}{3} \times 12 = 20〔V〕$$

答 1

問題 8　コイルの電気的性質で、誤っているのは次のうちどれか。

1. 電流が変化すると逆起電力が生ずる。
2. 周波数が高くなるほど交流は流れにくい。
3. 電流を流すと磁界が生ずる。
4. 交流を流したとき、電流の位相は加えた電圧の位相より進む。

解説 ①　コイルは、導線を螺旋状にしてインダクタンスを得る目的で作られた部品で、次のような図記号で表されます。

図(a)のコイルは空心コイルで、図(b)の磁心入りコイルは、インダクタンスを大きくするためにコイルの内部の磁力線の通路(磁路)に磁性体(磁心)を入れたコイル

です。磁心入りコイルには、磁心に成層鉄心を用いた低周波チョークコイルや磁心に鉄粉で固めて作った鉄心（ダストコアやフェライト）を用いたコイルなどがあります。

(a) コイル　　(b) 磁心入りコイル

② コイルに流れる電流が変化すると、その瞬間に、その電流の変化を妨げるような逆起電力が生じます。このような現象を自己誘導作用といいます。この電圧は、コイルを流れる電流の変化の大きさに比例し、このときの比例定数を**コイルの自己インダクタンス**または単に**インダクタンス**といい、単位には**ヘンリー**〔**H**〕が用いられます。ヘンリー〔H〕の 10^{-3} 倍をミリヘンリー〔mH〕、10^{-6} 倍をマイクロヘンリー〔μH〕といいます。

③ コイルに交流電流を流した場合は、**電流の大きさとその方向が時間とともに変化する**ので常に**逆起電力が発生**し、常に電流を制限する作用があります。このような働きを**(誘導性) リアクタンス**といい、単位には**オーム**〔**Ω**〕が用いられます。

　　自己インダクタンス L〔H〕のコイルに流れる交流電流の周波数を f〔Hz〕とすれば、この**コイルの(誘導性)リアクタンス** X_L〔Ω〕は、次式で表されます。なお、$\omega = 2\pi f$ とします。

$$X_L = \omega L = 2\pi fL$$

　　したがって、コイルに交流電圧 e〔V〕を加えた場合、流れる電流 i〔A〕はオームの法則から

$$i = \frac{e}{2\pi fL}$$

となるので、**周波数 f が高くなるほど電流 i は小さく**なります。

④ **コイルに電流を流す**と、コイルの導線の周囲に磁力線が発生するので、コイルの周囲に**磁界を生じ**ます。

⑤ コイルに交流電圧を加えると、電流は電圧が最小のとき最大になり、また、電圧が最大のとき電流は最小になります。このような電圧と電流の変化の仕方を、「交流電流の位相は、加えた電圧の位相より**遅れている**」といいます。

答 4

問題 9　図に示す回路において、コイルのリアクタンスの値で、最も近いのは、次のうちどれか。

1. 9.42〔kΩ〕　　2. 7.32〔kΩ〕
3. 6.28〔kΩ〕　　4. 3.14〔kΩ〕

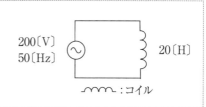

200〔V〕
50〔Hz〕

20〔H〕

〜〜〜：コイル

解説 ① コイルの(誘導性)リアクタンス X_L は、次式で表すことができます。

$$X_L = 2\pi fL$$

ただし、fは交流の周波数、Lはコイルの(自己)インダクタンスです。

② ①の式に題意の数値を代入すれば、求めるリアクタンス X_L は、

$$X_L = 2\pi fL = 2 \times 3.14 \times 50 \times 20 = 6280 \,[\Omega] = 6.28\,[k\Omega]$$

答 3

問題 10 図に示す回路において、コンデンサ C のリアクタンスの値として、最も近いのは次のうちどれか。

1. 90 [Ω]
2. 70 [Ω]
3. 36 [Ω]
4. 18 [Ω]

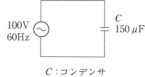

C：コンデンサ

解説 ① コンデンサに交流電圧を加えると、電流が常に流れますが、電流を制限する作用があります。このような働きを(容量性)リアクタンスといい、単位にはオーム [Ω] が用いられます。

静電容量 C[F] のコンデンサに流れる交流電流の周波数を f[Hz] とすれば、このコンデンサの容量性リアクタンス X_C[Ω] は、次式で表されます。なお、$\omega = 2\pi f$とします。

$$X_C = \frac{1}{\omega C} = \frac{1}{2\pi fC}$$

② ①の式に題意の数値を代入すれば、求めるリアクタンス X_C[Ω] は、

$$X_C = \frac{1}{2\pi fC} = \frac{1}{2 \times 3.14 \times 60 \times 150 \times 10^{-6}} = \frac{1}{3.14 \times 18000 \times 10^{-6}}$$

$$= \frac{1}{3.14 \times 18 \times 10^3 \times 10^{-6}} = \frac{1}{3.14 \times 18 \times 10^{-3}} \fallingdotseq 0.0177 \times 10^3 \fallingdotseq 18\,[\Omega]$$

答 4

問題 11 直列共振回路において、コイルのインダクタンス L を一定にして、コンデンサ C の静電気容量を $\frac{1}{4}$ にすると、共振周波数は元の周波数の何倍になるか。

1. $\frac{1}{4}$ 倍 2. $\frac{1}{2}$ 倍 3. 2 倍 4. 4 倍

解説 ① 図のように、交流電源 e[V] に R[Ω] の抵抗、インダクタンス L[H] のコイ

ル、静電容量 C〔F〕のコンデンサを直列に接続した回路を**直列共振回路**といいます。この回路において、抵抗分と誘導性及び容量性リアクタンスの総合的な電流を制限する作用を**インピーダンス**といい、**単位にはオーム**〔Ω〕が用いられます。

② 直列共振回路において、交流電源の周波数が f〔Hz〕のとき、誘導性リアクタンス ($2\pi fL$) と容量性リアクタンス ($\frac{1}{2\pi fC}$) が等しくなると、回路の**インピーダンス Z は最小**（回路の抵抗分だけ）になり、回路を流れる電流 i は**最大**となります。このような現象を共振といいます。このときの交流電源の周波数 f〔Hz〕を共振周波数といいます。

③ **直列共振回路**は、$2\pi fL = \frac{1}{2\pi fC}$ の場合に共振するので、このときの**共振周波数** f〔Hz〕は、次式で表されます。

$$f = \frac{1}{2\pi\sqrt{LC}}$$

〔式の誘導〕 … $2\pi fL = \frac{1}{2\pi fC}$　$(2\pi f)^2 = \frac{1}{LC}$　$f^2 = \frac{1}{(2\pi)^2 LC}$

④ 題意のように、コンデンサの静電容量を $\frac{C}{4}$ にしたときの共振周波数 f'〔Hz〕は、③の式から、

$$f' = \frac{1}{2\pi\sqrt{\frac{LC}{4}}} = \frac{1}{2\pi\sqrt{LC \times \frac{1}{2}}} = \frac{2}{2\pi\sqrt{LC}} = 2 \times \frac{1}{2\pi\sqrt{LC}} = 2f$$

⑤ 直列共振回路で、静電容量 C〔F〕（またはインダクタンス L〔H〕）を変化させて、回路の共振周波数を交流電源のうちの特定周波数に合わた（同調させた）とき、回路は特定周波数に共振し、回路を流れる特定周波数の電流は最大になります。この電流はコンデンサまたはコイルに流れるので、これらの両端から特定周波数の電圧を取り出すことができます。このような目的に回路を使用するとき同調回路、その共振周波数を同調周波数といいます。

答 3

問題 12 図に示す並列共振回路において、インピーダンスを Z、電流を i、共振回路内の電流を i_0 としたとき、共振時にこれらの値は概略どのようになるか。

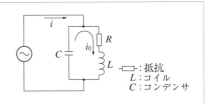

R：抵抗
L：コイル
C：コンデンサ

	Z	i	i_0
1.	最大	最小	最小
2.	最大	最小	最大
3.	最小	最小	最大
4.	最小	最大	最大

解説 ①　問題の図のように、交流電源(e)にコンデンサ C とコイル L を並列に接続した回路を**並列共振回路**といいます。なお、抵抗 R は、コイル L の内部抵抗(コイル L の導線の抵抗値)で、$R \ll$ 誘導性リアクタンス($2\pi fL$)とします。

　　この回路において、抵抗と誘導性及び容量性リアクタンスの総合的な電流を制限する作用を**インピーダンス**といい、**単位にはオーム〔Ω〕**が用いられます。

②　**並列共振回路**において、交流電源の周波数が f〔Hz〕のとき、誘導性リアクタンス($2\pi fL$)と容量性リアクタンス($\frac{1}{2\pi fC}$)が等しくなると、回路の**インピーダンス Z は最大**になり、このため、回路に流れ込む電流 i は、$\frac{e}{Z}$ ですから**最小**になり、**回路内を循環する電流 i_0 は最大**になります。このような現象を**共振**といいます。このときの交流電源の周波数 f〔Hz〕を共振周波数といいます。

③　並列共振回路の共振周波数は、問題 11 の解説③の式で表されます。

④　並列共振回路で、静電容量 C〔F〕(またはインダクタンス L〔H〕)を変化させて、回路の共振周波数を交流電源のうちの特定周波数に合わせた(同調させた)とき、回路は特定周波数に共振し、回路に流れ込む特定周波数の電流は最小、回路内を循環する特定周波数の電流は最大になります。この循環電流は、コンデンサまたはコイルに流れるので、これらの両端から特定周波数の電圧を取り出すことができます。このような目的に回路を使用するとき同調回路、その特定の周波数を同調周波数といいます。

答 2

〔半導体〕

問題 13　次の記述の　　内に入れるべき字句の組合せで、正しいのはどれか。

　　シリコン接合ダイオードに加える　A　を変えると、PN 間の　B　が変化する。このような性質を利用するダイオードを　C　という。

	A	B	C
1.	逆方向電圧	静電容量	バラクタダイオード
2.	逆方向電圧	抵抗	ツェナーダイオード
3.	順方向電圧	抵抗	バラクタダイオード

4. 順方向電圧	静電容量	ツェナーダイオード

解 説 ① 導体と絶縁体との中間の性質をもった物質を半導体といい、シリコンやゲルマニウムなどがあります。また、不純物を含まない半導体を真性半導体といい、負(-)の電荷を運ぶ自由電子の数と正(+)の電荷を運ぶ正孔(ホール)の数はほぼ等しい状態です。

② 純粋なシリコンまたはゲルマニウムの単結晶の中に、わずかな砒素やアンチモンなどを不純物として混入すると、自由電子の数が正孔の数より多いN形半導体を作ることができます。N形半導体は、自由電子が電気伝導の作用をします。

③ 純粋なシリコンまたはゲルマニウムの単結晶の中に、わずかなインジウムやガリウムなどの不純物を混入すると、N形半導体の場合とは逆に、正孔の数が自由電子の数より多いP形半導体を作ることができます。P形半導体は、正孔が電気伝導の作用をします。

④ P形半導体とN形半導体を接合した素子を接合ダイオードといい、図記号は図(a)のように表されます。また、シリコンを用いた接合ダイオードを**シリコン接合ダイオード**といいます。

⑤ 図(b)のように、ダイオードのP形半導体の端子a(アノード)に+(プラス)、N形半導体の端子b(カソード)に-(マイナス)の直流電圧Eを加えると、ダイオードには図に示すような方向の電流が流れます。これは、P形半導体内の自由電子が端子aのプラス(+)電圧のかかる方向に移動するためです。なお、流れる電流の方向は、

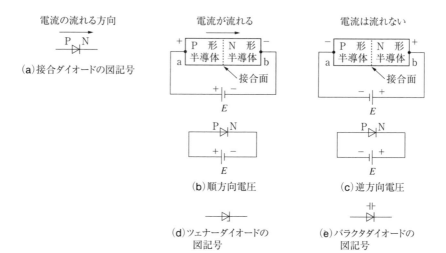

(a)接合ダイオードの図記号

(b)順方向電圧

(c)逆方向電圧

(d)ツェナーダイオードの図記号

(e)バラクタダイオードの図記号

自由電子の移動する方向と逆の向きに表すことになっています。このように**ダイオードに電流が流れるような電圧の加え方を順方向電圧**、また、図(c)のように**ダイオードに電流がほとんど流れない電圧の加え方を逆方向電圧**といいます。

⑥ ツェナーダイオード(定電圧ダイオード)は、PN接合ダイオードに**逆方向電圧**を加え、その電圧を次第に高くしていくと、ある電圧で電流が急激に流れるようになり、**ダイオードの両端の電圧は一定になる**ダイオードで、図記号は図(d)のように表されます。ツェナーダイオードは定電圧回路に用いられます。

⑦ バラクタダイオード(可変容量ダイオード)は、PN接合ダイオードに**逆方向電圧**を加えると、P形半導体とN形半導体を電極とする一種のコンデンサが形成され、この**逆方向電圧の大きさを変えるとPN間の静電容量(接合容量)が変化する**ダイオードで、図記号は図(e)のように表されます。

答 1

問題 14 図に示す図記号で表される半導体素子の名称は、次のうちどれか。

1. ホトダイオード
2. トンネルダイオード
3. ツェナーダイオード
4. バラクタダイオード

解説 ① ホトダイオードは、PN接合ダイオードに逆方向電圧を加え、接合面に光を当てると、光の強さに比例した電流が生じるダイオードで、図記号は図(a)のように表されます。

(a)ホトダイオードの
図記号

(b)トンネルダイオードの
図記号

② トンネルダイオードは、不純物の濃度が他の一般のダイオードに比べて極めて高いP形半導体とN形半導体を接合したダイオードで、エサキダイオードともいいます。図記号は図(b)のように表されます。また、順方向電圧を加えると負性抵抗特性(電圧を増加させると電流が減少する特性)を示します。

答 4

問題 15 図(図記号)に示す半導体素子についての記述で、正しいのはどれか。

1. 光のエネルギーを、電気エネルギーに変換する。
2. 温度の変化を、電気信号に変換する。

　3.　ある値以上の逆バイアス電圧を加えると、急激に電流が流れ出す。

　4.　加えられた電圧の大きさによって、静電容量が変化する。

答 4

問題 16　図に示す図記号で表される半導体素子の名称は、次のうちどれか。

　1.　ホトダイオード

　2.　トンネルダイオード

　3.　バラクタダイオード

　4.　ツェナーダイオード

答 4

問題 17　PN接合ダイオードに、ある値以上の逆方向電圧を加えると、電流が急激に流れだし、電圧がほぼ一定となることを利用する半導体の名称は、次のうちどれか。

　1.　ホトダイオード　　　　　2.　トンネルダイオード

　3.　バラクタダイオード　　　4.　ツェナーダイオード

答 4

問題 18　図に示す図記号で表される半導体素子の名称は、次のうちどれか。

　1.　バラクタダイオード

　2.　発光ダイオード

　3.　ホトダイオード

　4.　トンネルダイオード

解説 発光ダイオード(LED)は、PN接合ダイオードに順方向電圧を加えて、順方向電流を流したときに接合面で光を発するダイオードです。

答 2

問題 19　次の記述の 内に入れるべき字句の組合せで、正しいのはどれか。

　(1)加える電圧により、静電容量が変化することを利用するものは、 A である。

(2) 逆方向電圧を加えると、ある電圧で電流が急激に流れ、電圧がほぼ一定とな
   ることを利用するものは、 B ダイオードであり、図記号は C で
   表される。

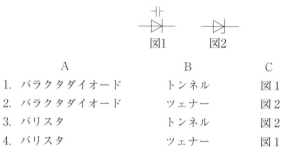

図1   図2

	A	B	C
1.	バラクタダイオード	トンネル	図1
2.	バラクタダイオード	ツェナー	図2
3.	バリスタ	トンネル	図2
4.	バリスタ	ツェナー	図1

解説 バリスタは、電圧の変化によって抵抗値が大きく変化する半導体素子です。電子
機器や装置の過電圧防止回路及び避雷器などに用いられています。

答 2

問題 20 図（図記号）に示す電界効果トランジスタ（FET）の電極 a の名称は、次
のうちどれか。

1. ソース
2. ゲート
3. コレクタ
4. ドレイン

解説 ① 電界効果トランジスタ（FET）は、内部構造から接合形 FET と MOS 形
FET に大別され、ユニポーラトランジスタ（自由電子または正孔の1種類のキャリア
を利用して動作するトランジスタ）といいます。問題の図記号は、接合形 FET です。
② **接合形 FET** は、図のように PN 接合によって構成され、**電極にはソース（S）、ゲー
ト（G）及びドレイン（D）の三つがあります。接合形トランジスタの電極の名称**（§2 **電
子回路**の問題1の解説参照）**と対比**すると、**ソースはエミッタ、ドレインはコレクタ、
ゲートはベース**に相当します。
③ 接合形 FET は、ゲート・ソース間に加えるゲート電圧を少し変化させると、ソー
ス・ドレイン間のチャネル（電流通路）を流れるドレイン電流が大きく変化します。
④ 接合形 FET は、チャネルに N 形半導体を用いた N チャネル接合形 FET とチャネル
に P 形半導体を用いた P チャネル接合形 FET の2種類があります。また、図記号では、

ゲート（G）の矢印が内側を向いているものがNチャネル、外側を向いているものがP
チャネルです。

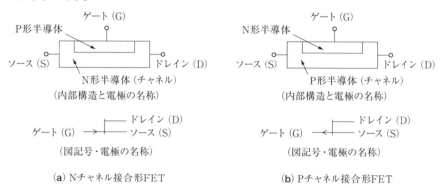

（a）Nチャネル接合形FET

（b）Pチャネル接合形FET

答 4

問題 21　図（図記号）に示す電界効果トランジスタ（FET）の電極aの名称は、次
のうちどれか。

1.　ゲート
2.　コレクタ
3.　ソース
4.　ドレイン

答 3

問題 22　次の記述の　　　　　内に入れるべき字句の組合せで、正しいのはどれか。

　　電界効果トランジスタ（FET）の電極名を接合形トランジスタの電極名と対比
すると、ソースは　A　に、ドレインは　B　に、ゲートは　C　に相
当する。

	A	B	C
1.	ベース	エミッタ	コレクタ
2.	ベース	コレクタ	エミッタ
3.	コレクタ	エミッタ	ベース
4.	エミッタ	コレクタ	ベース

解説　接合形トランジスタは、§2　電子回路の問題1の解説参照。

答 4

問題 23 電界効果トランジスタを一般の接合形トランジスタと比べた場合で、正しいのはどれか。
  1. 電流制御のトランジスタである。
  2. 内部雑音は大きい。
  3. 入力インピーダンスが低い。
  4. 高周波特性が優れている。

解説 電界効果トランジスタ (FET) は、一般の接合形トランジスタと比べた場合、次のような特徴があります。
① 電圧制御のトランジスタである。
  FET は、ゲート電流を流さないで、ゲートの電圧 (電界) によって、ドレイン電流を大きく変える電圧制御形のトランジスタです。接合形トランジスタは、ベース電流によって、コレクタ電流を大きく変える電流制御形の素子です。
② 内部雑音が少ない。
  内部で発生する雑音が少ない (低雑音である)。
③ 入力インピーダンスが高い。
  FET は、ゲート・ソース間には、逆方向の電圧を加えているので、ゲート電流はほとんど流れません。このため、入力インピーダンスは高くなります。
④ 高周波特性が優れている。
  周波数は直流から極超短波 (UHF) 帯までの範囲で使用できます。

答 4

問題 24 図 (図記号) に示す電界効果トランジスタ (エンハンスメント形 MOS FET) の電極 a の名称は、次のうちどれか。
  1. ソース
  2. ゲート
  3. ドレイン
  4. コレクタ

解説 ① MOS FET は、図 (a) のように、金属 (Metal)、酸化膜 (絶縁物、Oxide) 及び半導体 (Semiconductor) により構成され、**電極にはソース (S)、ゲート (G) 及びドレイン (D)** の三つがあります。

② MOS FET は、図(**a**)のようにソース・ドレイン間にNチャネルが形成されるNチャネル MOS FET、ソース・ドレイン間にPチャネルが形成されるPチャネル MOS FET があります。

③ MOS FET は、次のようなデプレション(depletion、減少)形とエンハンスメント(enhancement、増加)形があります。図記号は図(**b**)のとおりです。また、図記号内の矢印の方向によって、NチャネルとPチャネルを区別しています。

(a) デプレッション形……ゲート・ソース間に電圧を加えなくても、チャネルが形成され、ドレイン電流が流れる特性の MOS FET です。

(b) エンハンスメント形……ゲートとソース間に電圧を加えないと、チャネルが形成されず、ドレイン電流が流れない特性の MOS FET です。

④ MOS FET は、ゲート・ソース間に加えるゲート電圧を少し変化させると、ソース・ドレイン間のチャネル(電流通路)を流れるドレイン電流が大きく変化します。

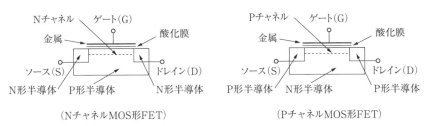

(a) MOS FETの原理的構造と電極の名称

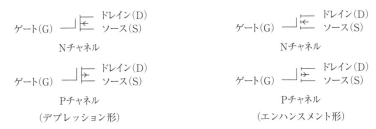

(b) MOS FETの図記号と電極の名称

⑤ 電界効果トランジスタの種類をまとめると、次のようになります。

答 2

問 題　25　図（図記号）に示すMOS形電界効果トランジスタ（FET）の名称は、どれか。

1.　エンハンスメント形Nチャネル MOS FET
2.　エンハンスメント形Pチャネル MOS FET
3.　デプレッション形Nチャネル MOS FET
4.　デプレッション形Pチャネル MOS FET

答 1

問 題　26　図に示すように、真空中を直進する電子に対して、その進行方向に平行で強い電界が加えられると電子はどのようになるか。

1.　電子は回転運動をする。
2.　電子の進行方向が変わる。
3.　電子の進行速度が変わる。
4.　電子の数が増加する。

解 説　図のように、電極Aに＋（プラス）電圧、電極Bに－（マイナス）電圧を加えると電極AB間には一様な電界を生じます。この電界中の電子は、電界の強さによって加速されて電極Aに到達します。

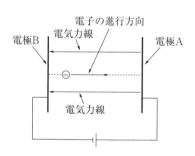

注 意　電子は負の電荷をもっていますから、＋の電圧をもつ電極Aのほうに引き寄せられます。

答 3

§2 電子回路

〔増幅回路〕

問題 1 図に示すトランジスタ増幅器（A 級増幅器）において、ベース・エミッタ間に加える直流電源 V_{BE} と、コレクタ・エミッタ間に加える直流電源 V_{CE} の極性の組合せで、正しいのは次のうちどれか。

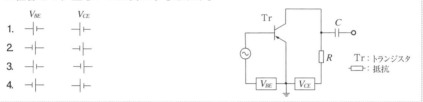

解説 ① トランジスタには図（a）、（b）のように、薄い P 形半導体の両側に N 形半導体を接合した NPN 形トランジスタ、また、薄い N 形半導体の両側に P 形半導体を接合した PNP 形トランジスタの2種類があり、バイポーラトランジスタ（自由電子と正孔の2種類のキャリアを利用して動作するトランジスタ）といいます。トランジスタの電極には**エミッタ（E）**、**コレクタ（C）**、**ベース（B）**の三つがあります。

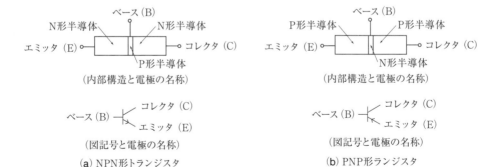

② トランジスタは、ベースに流す電流を少し変化させると、コレクタ電流が大きく変化します。

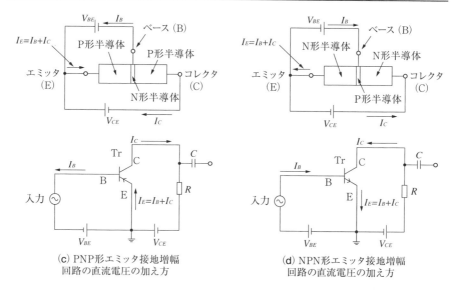

(c) PNP形エミッタ接地増幅
回路の直流電圧の加え方

(d) NPN形エミッタ接地増幅
回路の直流電圧の加え方

③ トランジスタの図記号で、図(a)、(b)のようにエミッタの矢印はエミッタ電流の
向きを表し、この矢印の方向によって、NPN形とPNP形とを区別します。矢印が外
側を向いているものがNPN形、内側を向いているものがPNP形です。

④ エミッタ接地増幅回路

入力信号の振幅をより大きな振幅にすることを増幅といい、増幅を行うための回路
を増幅回路といいます。

図(c)のように、PNP形トランジスタのエミッタを入力側と出力側との共通端子と
して接地する共通エミッタ形の増幅回路をエミッタ接地増幅回路といいます。図(d)
は、NPN形トランジスタを用いたエミッタ接地増幅回路です。

⑤ トランジスタ増幅回路のベース・エミッタ間及びコレクタ・エミッタ間の直流電源
の極性

ベース・エミッタ間の電源は順方向の極性の直流電源 V_{BE}（ベースにはPNP形の場
合は負、NPN形の場合は正）、ベース・コレクタ間の電源は逆方向の極性の直流電源
V_{CE}（コレクタにはPNP形の場合は負、NPN形の場合は正）を加えます（図(c)、(d)
参照）。

答 4

問題 2 図に示すトランジスタ増幅器（A級増幅器）において、ベース・エミッタ
間に加える直流電源 V_{BE} と、コレクタ・エミッタ間に加える直流電源 V_{CE} の極性

の組合せで、正しいのはどれか。

1. ─┤├─   ─┤├─
2. ─┤├─   ─┤┠─
3. ─┤┠─   ─┤├─
4. ─┤├─   ─┤┠─

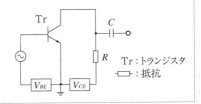

Tr：トランジスタ
▭：抵抗

答 2

問題 3　次の記述は、図に示すトランジスタ増幅回路について述べたものである。　□内に入れるべき字句の組合せで、正しいのはどれか。

(1)　□ A □接地増幅回路である。

(2) 一般に他の接地方式の増幅回路に比べて、　□ B □インピーダンスは高く、　□ C □インピーダンスは低い。

	A	B	C
1.	コレクタ	入力	出力
2.	エミッタ	出力	入力
3.	ベース	出力	入力
4.	エミッタ	入力	出力

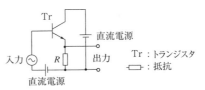

Tr：トランジスタ
▭：抵抗

解説 図のトランジスタ増幅回路は、コレクタを入力側と出力側との共通端子として接地する共通コレクタ形の回路で**コレクタ**接地増幅回路といいます。このコレクタ接地増幅回路は、エミッタ接地増幅回路やベース接地増幅回路に比べ、**入力**インピーダンスが高く、**出力**インピーダンスが低いという特徴があります。

答 1

問題 4　次の記述の□内に入れるべき字句の組合せで、正しいのはどれか。

図の回路は□ A □形トランジスタを用いて、□ B □を共通端子として接地した増幅回路の一例である。この回路は、出力側から入力側への□ C □が少なく、高周波増幅に適している。

入力　Tr　R　出力
Tr：トランジスタ　▭：抵抗

	A	B	C			A	B	C
1.	PNP	エミッタ	帰還		2.	PNP	ベース	電流増幅率

　　3.　NPN　　　ベース　　　帰還　　　　　4.　NPN　　エミッタ　　　電流増幅率

解説 ①　トランジスタの形名は、問題の図記号ではエミッタの矢印が外側を向いているので NPN 形です。

②　回路図でベースを入力側と出力側を共通端子として接地しているので、この回路はベース接地増幅回路です。

③　帰還とは、増幅回路の出力信号の一部を入力側に戻すことをいいます。高周波増幅回路は、トランジスタのベース・コレクタ間の静電容量（コレクタ出力容量）によって出力電圧が入力側に帰還され、ある周波数で発振の原因となります。

④　ベース接地増幅回路は、ベースが接地されているので、エミッタ接地増幅回路に比べてコレクタ出力容量が小さくなり、出力側から入力側への電圧の帰還が少なく、高周波増幅に適しています。

答 3

問題 5　次の記述の　　　　内に入れるべき字句の組合せで、正しいのはどれか。
　　　トランジスタ回路のうち、　　A　　接地トランジスタ回路の電流増幅率は、
　　B　　電流の変化量を　　C　　電流の変化量で割った値で表される。

	A	B	C		A	B	C
1.	エミッタ	コレクタ	ベース	2.	エミッタ	ベース	コレクタ
3.	ベース	ベース	コレクタ	4.	ベース	コレクタ	ベース

解説 トランジスタ回路のうち、**エミッタ**接地トランジスタ回路の電流増幅率は、コレクタ電圧を一定にしておき、ベースに流れる電流を変化させたときにコレクタ電流がどれだけ変化するかで表します。すなわち、**コレクタ**電流の変化量を**ベース**電流の変化量で割った値で表します。

答 1

問題 6　図は、トランジスタ増幅器の $V_{BE} - I_C$ 特性曲線の一例である。特性の P
点を動作点とする増幅方式は、次のうちどれか。
　1.　A 級増幅
　2.　B 級増幅
　3.　C 級増幅
　4.　AB 級増幅

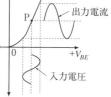

I_C：コレクタ電流
V_{BE}：ベース・エミッタ間電圧

解 説 ① 図のようなトランジスタの V_{BE} （ベース・エミッタ間電圧）－ I_C（コレクタ電流）特性曲線において、特性のどの点を入力信号の動作点にするか（問題1の V_{BE} 電圧によって決まる）によって、その増幅器は、A級、B級、C級、AB級増幅方式に分類します。

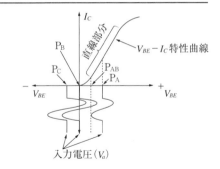

② 動作点を図において、

（ア） 特性曲線の直線部分の中央の P_A 点にする増幅方式 ………A級増幅

（イ） I_C 電流が流れ始める P_B 点（カットオフ点）にする増幅方式 ………B級増幅

（ウ） B級増幅の動作点の電圧（V_{BE}）より小さい電圧の P_C 点にする増幅方式

………C級増幅

（エ） A級増幅とB級増幅の動作点の間の P_{AB} 点にする増幅方式 ……AB級増幅

答 1

問 題 7 図は、トランジスタ増幅器の $V_{BE}－I_C$ 特性曲線の一例である。特性のP点を動作点とする増幅方式は、次のうちどれか。

1. A級増幅
2. B級増幅
3. C級増幅
4. AB級増幅

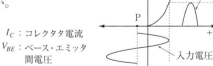

I_C：コレクタ電流

V_{BE}：ベース・エミッタ間電圧

答 3

問 題 8 図に示すNチャネルFET増幅回路において、ゲート側電源 V_{GS} 及びドレイン側電源 V_{DS} の極性の組合せで、正しいのは次のうちどれか。ただし、A級増幅回路とする。

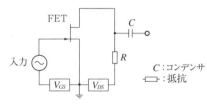

	V_{GS}	V_{DS}
1.	⊣⊢	⊣⊢
2.	⊣⊢	⊣⊢
3.	⊣⊢	⊣⊢
4.	⊣⊢	⊣⊢

C：コンデンサ

⊏⊐：抵抗

解説 Nチャネル FET 増幅回路は、図のように、ゲート・ソース間には、ゲート(G)に負(−)、ソース(S)に正(+)の極性の直流電源 V_{GS}(逆方向電圧)、ドレイン・ソース間には、ドレイン(D)に正、ソース(S)に負の極性の直流電源 V_{DS}(順方向電圧)を加えます。

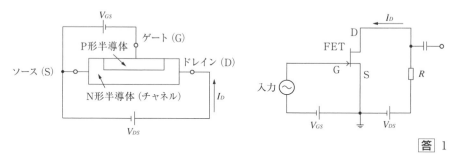

答 1

〔発振回路〕

問題 9　図に示す発振回路の原理図の名称として、正しいものはどれか。

1. ハートレー発振回路
2. コルピッツ発振回路
3. ピアース BE 水晶発振回路
4. 無調整水晶発振回路

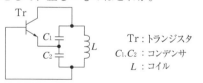

Tr：トランジスタ
C_1, C_2：コンデンサ
L：コイル

解説 ①　発振回路は、図(a)のような電気振動を図(b)のように一定振幅のまま持続させるための回路です。発振回路には、発振周波数が LC 共振回路によって決まる LC 発振回路(自励発振回路)、水晶発振子の固有周波数で決まる水晶発振回路などがあります。

②　増幅回路の出力の一部を帰還回路によって入力側の交流電圧と同じ位相になるようにして入力側に戻してやると、出力の交流電圧はさらに大きくなっていき、増幅回路が飽和した状態で決まる振幅で振動するようになります。これが発振の原理です。

③　図(c)及び図(d)の発振回路は、LC 発振回路です。出力電圧の一部をコイル L_1 と L_2 又はコンデンサ C_1 と C_2 により分割し、L_1 または C_1 の電圧を入力側に帰還しています。図(c)はハートレー発振回路、図(d)はコルピッツ発振回路といいます。ハートレー及びコルピッツは人名です。

④　図(e)及び図(f)の発振回路は、水晶発振子が用いられている水晶発振回路の一例です。図(e)のように水晶発振子がトランジスタのベース・エミッタ間に挿入され

て、出力のコレクタ側に *LC* による同調回路が入っている発振回路をピアース BE 発振回路といいます。図 (f) は水晶発振子がトランジスタのベース・コレクタ間に入っていますが、コレクタ側には同調回路がない発振回路で、無調整水晶発振回路といいます。ピアースは人名です。

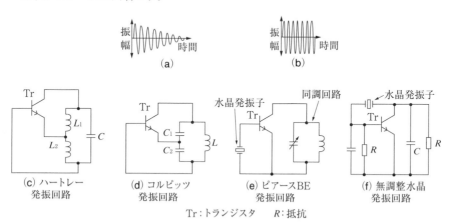

(c) ハートレー
発振回路

(d) コルピッツ
発振回路

(e) ピアースBE
発振回路

(f) 無調整水晶
発振回路

Tr：トランジスタ　　*R*：抵抗

答 2

問題 10　図は、位相同期ループ (PLL) を用いた発振器の構成例を示したものである。□□□□内に入れるべき字句で、正しいのはどれか。

1. 高域フィルタ (HPF)
2. 帯域フィルタ (BPF)
3. 帯域消去フィルタ (BEF)
4. 低域フィルタ (LPF)

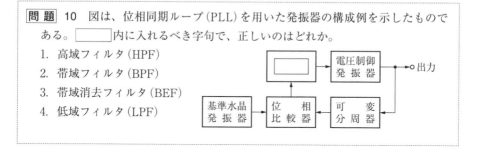

解説 ①　図の位相同期ループ (PLL) を用いた発振器は、一つの基準水晶発振器を用い、多くの安定な周波数を得る周波数シンセサイザ発振器の構成例です。

②　基準水晶発振器の基準（出力）周波数 f_R と、この発振器の出力周波数 f_0 を可変分周器（分周比 N）で $\frac{1}{N}$ に分周した周波数 $\frac{f_0}{N}$ とを位相比較器に加えて両者の周波数を比較し、その周波数差に比例した電圧を取り出します。この出力電圧に含まれている高周波成分は、**低域フィルタ**で除去され直流電圧になり、この電圧により電圧制御発振器（電圧により発振周波数を制御する発振器）を周波数の差が小さくなるように制御します。この繰り返しにより、位相比較器への二つの入力周波数が等しくなったときの

周波数は $f_0 = Nf_R$ になります。ここで、可変分周器の分周比 N は可変ですから、電圧制御発振器の出力からは、周波数が f_R の N 倍の、周波数安定度が基準水晶発振器とほぼ等しい多数の周波数が得られます。

答 4

〔周波数混合器〕

問題 11 周波数 f の信号と、周波数 f_0 の局部発振器の出力を周波数混合器で混合したとき、出力側に流れる電流の周波数は次のうちどれか。ただし、$f > f_0$ とする。

1. $f \pm f_0$
2. $f \cdot f_0$
3. $\dfrac{f + f_0}{2}$
4. $\dfrac{f}{f_0}$

解説 図に示すように、周波数 f の信号と局部発振器の出力周波数 f_0 を周波数混合器で混合したとき、出力側には、$f + f_0$、$f - f_0$ の周波数成分を取り出すことができます。このような作用を周波数変換といい、出力側に $f + f_0$ または $f - f_0$ のいずれかの周波数に同調する回路またはフィルタを設ければ、周波数 f の信号より高いまたは低い周波数の信号を取り出すことができます。

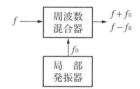

答 1

〔変調回路〕

問題 12 図は、単一正弦波で振幅変調した波形をオシロスコープで測定したものである。変調度は幾らか。

1. 75 〔%〕
2. 60 〔%〕
3. 40 〔%〕
4. 25 〔%〕

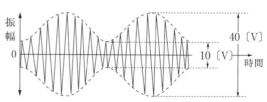

解説 ① 高周波を音声信号などの信号波で変化させることを変調、その高周波を搬送波といいます。また、変調された高周波を変調波といいます。搬送波の振幅を、音声

などの信号波の振幅に応じて変化させる変調方式を振幅変調（AM）といいます。

② 振幅 A の搬送波を振幅 B の単一正弦波の信号波で振幅変調したときの変調波形は、図(a)のようになります。この場合、$\dfrac{B}{A} = M$ とすれば、$M \times 100$〔%〕は、振幅変調の深さを表すので変調度といい、次式で表されます。

$$\text{変調度} = \frac{B}{A} \times 100 \,〔\%〕= M \times 100 \,〔\%〕 \cdots\cdots (1)$$

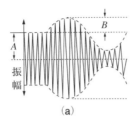 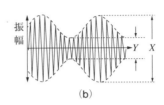

(a)   (b)

③ 図(b)の振幅変調波形において、最大振幅を X、最小振幅を Y とすれば、搬送波の振幅 A、信号波の振幅 B は次のように表されます。

$$B = \left(\frac{X}{2} - \frac{Y}{2}\right) \times \frac{1}{2} = \frac{X - Y}{4}$$

$$A = \left(\frac{X}{2} - B\right) = \frac{X}{2} - \frac{X - Y}{4} = \frac{X + Y}{4}$$

したがって、変調度は(1)式から次のようになります。

$$\text{変調度} = \frac{B}{A} \times 100 \,〔\%〕= \frac{X - Y}{4} \times \frac{4}{X + Y} \times 100 = \frac{X - Y}{X + Y} \times 100 \,〔\%〕 \cdots\cdots (2)$$

④ 題意の数値を(2)式に代入すれば、求める変調度は、

$$\text{変調度} = \frac{X - Y}{X + Y} \times 100 = \frac{40 - 10}{40 + 10} \times 100 = \frac{30}{50} \times 100 = 60 \,〔\%〕$$

答 2

問題 13 図は、振幅が一定の搬送波を単一正弦波の信号波で振幅変調した波形をオシロスコープで測定したものである。変調度は幾らか。

1. 15.0〔%〕

2. 30.0〔%〕

3. 33.3〔%〕

4. 50.0〔%〕

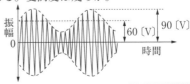

解説 ① 搬送波の振幅 A が 60〔V〕ですから、信号波の振幅 B は、$90 - 60 = 30$〔V〕になります。

② この値を (1) 式に代入すれば、求める変調度 M は、

$$M = \frac{B}{A} \times 100 = \frac{30}{60} \times 100 = 50 \ \text{[%]}$$

答 4

〔論理回路〕

問題 14　図に示す A、B の論理回路に $X=1$、$Y=1$ の入力を加えたとき、論理回路の出力 F の組合せで、正しいのは次のうちどれか。

	A	B			A	B
1.	1	0		2.	0	1
3.	1	1		4.	0	0

解 説

1.　論理回路

　電気信号が「ある」、「ない」の二つの状態で表す信号をデジタル信号といい、この信号を取り扱う回路をデジタル回路、また、デジタル信号を用いて演算を行うデジタル回路を論理回路といいます。論理回路は、電子計算機の演算回路や制御回路などの基本回路です。

2.　真理値表

　論理回路において、入力端子への入力信号の有無の組合せに対する出力端子の出力信号の有無の関係を「1」と「0」で表した表を真理値表といいます。

3.　代表的な論理回路

　① AND 回路

　二つ以上の入力端子と一つの出力端子をもち、入力がすべて「1」のときだけ出力が「1」になる論理回路です。X と Y の二つの入力端子と F の出力端子をもつ AND 回路の図記号は、図 (a) で表され、真理値表は表 1 のようになります。

　② OR 回路

　二つ以上の入力端子と一つの出力端子をもち、入力が一つでも「1」であれば出力が「1」になる論理回路です。X と Y の二つの入力端子と F の出力端子をもつ OR 回路の図記号は、図 (b) で表され、真理値表は表 1 のようになります。

　③ NOT 回路

　一つの入力端子と一つの出力端子をもち、入力が「1」のとき出力が「0」、また入力が「0」のとき出力が「1」になる論理回路です。X の入力端子と F の出力端子をもつ NOT 回路の図記号は、図 (c) で表され、真理値表は表 2 のようになります。

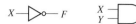

(a) AND回路　　(b) OR回路　　(c) NOT回路　　(d) NAND回路　　(e) NOR回路

表1

入力 X	入力 Y	出力 F			
		AND 回路	OR 回路	NAND 回路	NOR 回路
0	0	0	0	1	1
0	1	0	1	1	0
1	0	0	1	1	0
1	1	1	1	0	0

表2

入力 X	出力 F
1	0
0	1

④　NAND 回路

　AND 回路の出力側に NOT 回路を接続した論理回路で、二つ以上の入力端子と一つの出力端子をもち、入力がすべて「1」のときだけ出力が「0」になり、他の入力の状態では、つねに出力が「1」になります。X と Y の二つの入力端子と F の出力端子をもつ NAND 回路の図記号は、図(d)で表され、真理値表は表1のようになります。

⑤　NOR 回路

　OR 回路の出力側に NOT 回路を接続した論理回路で、二つ以上の入力端子と一つの出力端子をもち、入力がすべて「0」のときだけ出力が「1」になり、他の入力の状態では、つねに出力が「0」になります。X と Y の二つの入力端子と F の出力端子をもつ NOR 回路の図記号は、図(e)で表され、真理値表は表1のようになります。

答 1

問題 15　図に示す A、B の論理回路に $X=1$、$Y=1$ の入力を加えたとき、論理回路の出力 F の組合せで、正しいのは次のうちどれか。

	A	B			A	B
1.	0	0		2.	0	1
3.	1	1		4.	1	0

A

X
Y —[NOR]o— F

B

X
Y —[AND]— F

答 2

問題 16　図に示す A、B の論理回路に $X=1$、$Y=0$ の入力を加えたとき、論理回路の出力 F の組合せで、正しいのはどれか。

	A	B			A	B
1.	0	0		2.	0	1
3.	1	1		4.	1	0

A

X
Y —[NAND]o— F

B

X
Y —[OR]— F

答 3

問題 17 図に示す A、B の論理回路に $X=1$、$Y=1$ の入力を加えたとき、論理回路の出力 F の組合せで、正しいのは次のうちどれか。

	A	B			A	B
1.	0	0		2.	0	1
3.	1	1		4.	1	0

答 4

問題 18 図に示す A、B の論理回路に $X=1$、$Y=0$ の入力を加えたとき、論理回路の出力 F の組合せで、正しいのは次のうちどれか。

	A	B			A	B
1.	0	0		2.	0	1
3.	1	1		4.	1	0

答 3

問題 19 次の真理値表の論理回路の名称として、正しいものは次のうちどれか。

1. AND 回路
2. NOR 回路
3. OR 回路
4. NAND 回路

入力A	入力B	出力
0	0	1
0	1	0
1	0	0
1	1	0

答 2

§3 送信機

〔AM 送信機〕

[問題] 1 送信機の回路において緩衝増幅器の配置で、最も適切なのは次のうちどれか。

1. 発振器の次段　　　　　2. 励振増幅器と電力増幅器の間
3. 音声増幅器の次段　　　4. 周波数逓倍器と励振増幅器の間

[解説] ① AM（A3E）送信機は、搬送波を音声などの信号波で振幅変調した場合に、搬送波を中心に両側に生じる側波帯を伝送する装置です（問題5の解説①参照）。

② 図は、AM（A3E）送信機の基本構成例です。

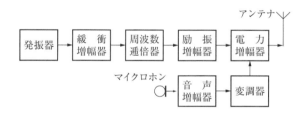

③ 図の AM（A3E）送信機の発振器の発振周波数は、発射する電波の搬送波周波数の整数分の一の周波数です。

④ 緩衝増幅器は、**発振器の次段**に設けます。発振器に負荷の変動（電力増幅器で搬送波が音声信号によって変調されるなど）の影響を与えず、発振周波数を安定にするように、発振器と次段との結合をできるだけ疎にするために用いられる増幅器で、A級増幅で動作させています。

⑤ 周波数逓倍器は、発射する電波の周波数が、直接発振器で発振できないほど高い場合、発振器の発振周波数を整数倍（2倍、3倍……）して、希望の周波数にする目的の増幅器で、C級増幅で動作させています。

　C級増幅は、出力電流の波形のひずみが大きくなり、入力周波数の他に多くの高調波（入力周波数の整数倍の周波数）が含まれるので、出力回路の同調回路を高調波の一つに同調させて、必要な周波数を取り出すことができます。

　　水晶発振器に用いる発振周波数が 10〔MHz〕くらいより高い水晶発振子は、その厚みが非常に**薄く**なり製造が難しく、超短波帯（VHF）の送信機では、**C 級**動作の周波数逓倍器を用いて高い周波数を得ています。

⑥　励振増幅器は、周波数逓倍器の出力を電力増幅器に必要な入力電圧まで増幅する増幅器で、一般に C 級増幅で動作させています。

⑦　電力増幅器は、励振増幅器の出力電圧（搬送波）を必要な送信電力まで増幅してアンテナに供給する増幅器で、一般に C 級増幅で動作させています。また、電力増幅器に変調器の音声出力を加えて、搬送波の振幅を変化させて振幅変調の作用もあわせて行わせています。

⑧　音声増幅器は、マイクロホンにより電気信号に変換された音声信号は小さいので、必要なレベルまで増幅する増幅器です。

⑨　変調器は、音声増幅器の出力信号を電力増幅し、変調信号として電力増幅器に出力する増幅器です。

答 1

問題 2　次の記述の　　　　内に入れるべき字句の組合せで、正しいのはどれか。

　　送信機に用いられる周波数逓倍器は、一般にひずみの　A　C 級増幅回路が用いられ、その出力に含まれる　B　成分を取り出すことにより、基本周波数の整数倍の周波数を得る。

	A	B		A	B
1.	大きい	高調波	2.	大きい	低調波
3.	小さい	高調波	4.	小さい	低調波

答 1

問題 3　次の記述の　　　　内に当てはまる字句の組合せは、下記のうちどれか。

　　発振周波数が 10〔MHz〕ぐらいより高い水晶発振子は、その厚みが非常に　A　なり製造が難しく、超短波帯の送信機では　B　動作の周波数逓倍器を用いて高い周波数を得ている。

	A	B		A	B
1.	薄　く	A　級	2.	厚　く	A　級
3.	厚　く	C　級	4.	薄　く	C　級

答 4

問題 4 AM（A3E）送信機において、無変調の搬送波電力を 200〔W〕とすると、変調信号入力が単一正弦波で変調度が 60〔%〕のとき、振幅変調された送信波の平均電力の値として、正しいのは次のうちどれか。

1. 218〔W〕

2. 226〔W〕

3. 236〔W〕

4. 248〔W〕

解 説 ① 振幅 A の搬送波を振幅 B の単一正弦波の信号波で振幅変調したとき、$\dfrac{B}{A} \times 100$〔%〕$= M \times 100$〔%〕を、振幅変調波の変調度といいます。

② 送信（振幅変調）波の平均電力 P_m〔W〕は、無変調波の搬送波電力の平均電力を P_c〔W〕、変調度を $M \times 100$〔%〕とすれば、次式で表されます。

$$P_m = P_c\left(1 + \frac{M^2}{2}\right)$$

③ 変調度 M は、$M \times 100$〔%〕$= 60$〔%〕、$M = 0.6$ ですから、上式に題意の数値を代入すれば、送信波の平均電力 P_m は、

$$P_m = 200\left(1 + \frac{0.6^2}{2}\right) = 200\left(1 + \frac{0.36}{2}\right) = 200 \times 1.18 = 236〔W〕$$

答 3

〔SSB 送信機〕

問題 5 SSB（J3E）電波の周波数成分を表した図はどれか。ただし、点線は搬送波成分がないことを示す。

搬送波　　　側波帯

1.  → 周波数

2.  → 周波数

3. 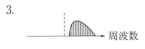 → 周波数

4.  → 周波数

解 説 ① 周波数 f_c の搬送波を単一周波数 f_s の信号波で振幅変調したときの振幅変調波は、図（a）のように $(f_c - f_s)$、f_c、$(f_c + f_s)$ の周波数成分を含んでいます。搬送波周波数 f_c より低い周波数 $(f_c - f_s)$ を下側波、搬送波周波数 f_c より高い周波数 $(f_c + f_s)$

を上側波といいます。また、300〔Hz〕から3〔kHz〕の周波数成分を含んでいる音声（電話）で振幅変調したときの振幅変調波は、図（b）のように、搬送波の周波数を中心に±3〔kHz〕の間に無数の上、下側波を含んでいます。

このように、搬送波周波数の他に上、下の両側波（帯）を含む振幅変調波をAM波またはDSB（Double Side Band）波といい、信号波が電話（音声）の場合の電波の型式はA3Eです。

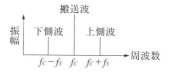

（a）単一周波数の信号波で振幅変調したときの振幅変調波の周波数分布

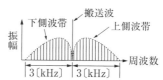

（b）音声信号波で振幅変調したときの振幅変調波の周波数分布

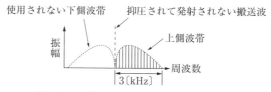

（c）上側波帯を使用するSSB波の周波数分布

② DSB波は、信号波を伝送するのに図（b）のように、搬送波と上、下の両側波帯を使用していますが、信号波の伝送に役立つのは上下いずれかの側波帯だけですから、図（c）のように搬送波を抑圧し、いずれか一方の側波帯だけを使用しても信号波を伝送することができます。このような単側波帯の振幅変調波をSSB（Single Side Band）波といい、信号波が電話（音声）の場合の電波の型式はJ3Eです。このSSB波を受信する場合には、送信側で抑圧された搬送波の周波数に相当する周波数を受信側に加えて復調すれば、信号波を取り出すことができます。

③ 問題の選択肢2のように、搬送波と上側波帯（または下側波帯）を伝送する単側波帯の振幅変調波を全搬送波といい、信号波が電話（音声）の場合の電波の型式はH3Eです。

答 3

問題 6 図は、SSB（J3E）送信機の原理的な構成例を示したものである。空欄の部分の名称の組合せで、正しいのは次のうちどれか。

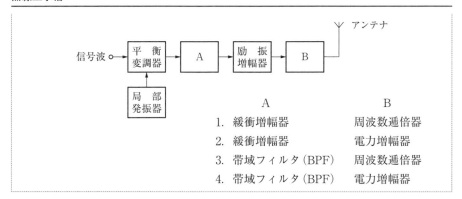

	A	B
1.	緩衝増幅器	周波数逓倍器
2.	緩衝増幅器	電力増幅器
3.	帯域フィルタ（BPF）	周波数逓倍器
4.	帯域フィルタ（BPF）	電力増幅器

解説 問題の SSB（J3E）送信機の動作の概要は、次のとおりです。

　周波数 f_s の信号波と局部発振器で作られる周波数 f_c の搬送波を平衡変調器に加えると、出力に**搬送波周波数** f_c が抑圧され、上側波帯（$f_c + f_s$）と下側波帯（$f_c - f_s$）の周波数成分が現れます。この両側波帯のうち一方の側波帯を**帯域フィルタ**（BPF）を用いて取り出し、SSB 波を作ります。この SSB 波は、励振増幅器で電圧増幅し、**電力増幅器**により必要な電力に増幅されて、アンテナから発射されます。

答 4

問題 7　次の記述の　　　　内に入れるべき字句の組合せで、正しいのはどれか。

　SSB（J3E）送信機の動作において、音声信号波と第 1 局部発振器で作られた搬送波を　A　に加えると、上側波帯と下側波帯が生ずる。この両側波帯のうち一方の側波帯を　B　で取り出して、中間周波数の SSB 波を作る。

	A	B
1.	周波数逓倍器	帯域フィルタ（BPF）
2.	周波数逓倍器	中間増幅器
3.	平衡変調器	中間増幅器
4.	平衡変調器	帯域フィルタ（BPF）

解説 ①　図は SSB（J3E）送信機の構成例で、動作原理は次のとおりです。

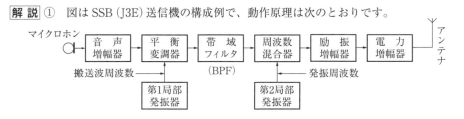

② マイクロホンに加えられる音声信号と、第1局部発振器の出力の搬送波周波数を**平衡変調器**（またはリング変調回路）に加えると、搬送波周波数が抑圧され、上側波帯と下側波帯が生じます。この両側波帯のうち、一方の側波帯を**帯域フィルタ**（BPF）で取り出して、中間周波数のSSB波を作ります。このSSB波は周波数混合器において、第2局部発振器の出力の発振周波数と混合され、所要の送信周波数に変換されます（**§2 電子回路**の問題11参照）。その後、SSB波は励振増幅器を経て、電力増幅器により必要な電力に増幅され、アンテナから発射されます。

答 4

問題 8 SSB（J3E）送信機の構成及び各部の働きで、誤っているのは次のうちどれか。
1. 送信出力波形のひずみを軽減するため、ALC回路を設けている。
2. 変調波を周波数逓倍器に加えて所要の周波数を得ている。
3. 不要な側波帯を除去するため、帯域フィルタ（BPF）を設けている。
4. 平衡変調器を設けて、搬送波を除去している。

解説 変調波（SSB波）を周波数逓倍器で逓倍すると、抑圧搬送波と上または下側波帯の両方の周波数が逓倍されてしまい、抑圧搬送波と側波帯の周波数間隔も変わってしまうので、周波数逓倍器を使用して所要の周波数を得ることはできません。目的の周波数を得るためには、問題7の解説②に示したように周波数混合器を使用します。

答 2

問題 9 図に示すSSB（J3E）送信機のリング変調回路において、音声による変調入力信号を加える端子と出力に現れる電流の周波数との組合せで、正しいのは次のうちどれか。ただし、搬送波の周波数を f_c、変調入力信号の周波数を f_s とする。

	変調入力信号 (f_s) を加える端子	出力の電流の周波数
1.	a b	$f_c + f_s$
2.	a b	$f_c \pm f_s$
3.	c d	$f_c \pm f_s$
4.	c d	$f_c + f_s$

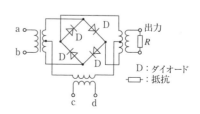

D：ダイオード
▭：抵抗

解説 図の端子 ab に周波数 f_s の信号波、端子 cd に周波数 f_c の搬送波をそれぞれ加えると、出力端子には、搬送波成分の周波数 f_c が抑圧されて、

$f_c + f_s$（上側波）

$f_c - f_s$（下側波）

の周波数成分の出力が現れます。

答 2

問題 10　図に示す SSB（J3E）送信機のリング変調回路において、搬送波を加える端子と出力に現れる電流の周波数との組合せで、正しいのは次のうちどれか。ただし、搬送波の周波数を f_c、変調入力信号の周波数を f_s とする。

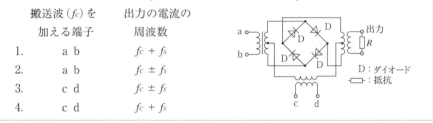

	搬送波 (f_c) を 加える端子	出力の電流の 周波数
1.	a b	$f_c + f_s$
2.	a b	$f_c \pm f_s$
3.	c d	$f_c \pm f_s$
4.	c d	$f_c + f_s$

D：ダイオード
抵抗

注意 問題9は、「変調入力信号 (f_s) を加える端子と出力電流の周波数との組合せ」の問題ですが、この問題は、「搬送波 (f_c) を加える端子と出力電流の周波数との組合せ」の問題です。

答 3

〔FM 送信機〕

問題 11　図は、間接 FM 方式の FM（F3E）送信機の原理的な構成例を示したものである。図の空欄の部分に入れるべき字句の組合せで、正しいものは次のうちどれか。

	A	B
1.	ALC 回路	周波数逓倍器
2.	ALC 回路	検波器
3.	IDC 回路	検波器
4.	IDC 回路	周波数逓倍器

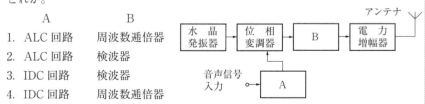

解説 ① 図は、間接 FM 方式の FM（F3E）送信機の基本的な構成例です。

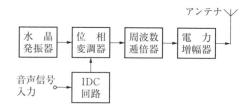

② 搬送波の周波数を音声信号の振幅に応じて変化させる変調方式を周波数変調（FM）といい、音声信号の振幅の大きさに応じて、搬送波の周波数を中心に、その上下に周波数がずれます。この周波数のずれを周波数偏移といいます。

③ 位相変調器は、水晶発振器の発振周波数の位相を音声信号の振幅に応じて変え、間接的に周波数を変化させる変調方式（**間接 FM 方式**）で、間接 FM 波を得ることができます。この間接 FM 波の周波数偏移は、音声信号の振幅が大きいほど、また音声信号の周波数が高いほど大きくなります。このため、いずれの場合もどんな大きな、または高い周波数の音声信号であっても間接 FM 波の周波数偏移を制限して、規定値内に収まるように制御する IDC（瞬時偏移制御、Instantaneous Deviation Control）回路を経由して音声信号を、位相変調器に加えます。

④ 位相変調器出力の間接 FM 波は、水晶発振器の発振周波数が低く、かつ周波数偏移の大きさも小さいので、周波数逓倍器を用いて水晶発振器の発振周波数を整数倍して所要の送信周波数に高めるとともに、必要な周波数偏移を得るようにしています。

⑤ ALC（Automatic Level Control）は、SSB 送信機に使用される回路で、電力増幅器に一定レベル以上の入力電圧が加わった場合、自動的に入力レベルを制御するために設けられます。

答 4

問題 12 　間接 FM 方式の FM（F3E）送信機において、IDC 回路を設ける目的は何か。
1. 周波数偏移を制限する。　　　　2. 寄生振動の発生を防止する。
3. 発振周波数を安定にする。　　　4. 高調波の発生を除去する。

答 1

問題 13 　間接 FM 方式の FM（F3E）送信機において、瞬間的に大きな音声信号が加わっても周波数偏移を一定値内に収めるためには、図の空欄の部分に何を設

け…ればよいか。
1. AGC 回路
2. 音声増幅器
3. IDC 回路
4. 緩衝増幅器

水晶発振器 → 位相変調器 → 変調出力

音声信号入力 ○─

答 3

問題 14　間接 FM 方式の FM (F3E) 送信機において、変調波を得るには、図の空欄の部分に何を設ければよいか。
1. 緩衝増幅器
2. 平衡変調器
3. 位相変調器
4. 周波数逓倍器

水晶発振器 → 　 → 変調出力

音声信号入力 ○─ IDC 回路

答 3

問題 15　間接 FM 方式の FM (F3E) 送信機に使用されていないのは、次のうちどれか。
1. 水晶発振器　　2. 周波数逓倍器　　3. IDC 回路　　4. 平衡変調器

解説　「平衡変調器」は、SSB (J3E) 送信機の変調回路に使用されています。

答 4

問題 16　図は、直接 FM 方式の FM (F3E) 送信機の原理的な構成例を示したものである。　　　　内に入れるべき字句の組合せで、正しいものは次のうちどれか。

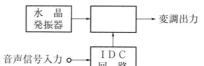

音声信号入力 ○─ A → 電圧制御発振器 → 緩衝増幅器 → B → アンテナ

低域フィルタ (LPF)

基準水晶発振器 → 位相比較器 → 可変分周器

	A	B		A	B
1.	ALC 回路	電力増幅器	2.	ALC 回路	検波器
3.	IDC 回路	検波器	4.	IDC 回路	電力増幅器

解説 ① 図は、搬送波を発生させる周波数シンセサイザ発振器の発振周波数を、直接、音声信号の電圧で制御する直接 FM 方式の FM（F3E）送信機の原理的な構成例です。

② 周波数シンセサイザ発振器は、基準水晶発振器の発振周波数を用いて、可変分周器の分周比を適当に設定することにより、多くの安定な周波数 f_0 を得ることができます。

位相比較器は、基準周波数 f_R と、可変分周器（入力周波数を $\frac{1}{N}$ 倍にして出力する回路、N を分周比という。）の出力周波数 $\frac{f_0}{N}$ の二つ周波数を比較し、周波数の差に比例した誤差信号電圧を出力します。この電圧は、低域フィルタ（LPF）で直流電圧になり、電圧制御発振器（直流電圧により発振周波数を制御する発振回路）の制御電圧として入力され、電圧制御発振器の発振周波数 f_0 を制御します。その結果、出力周波数 f_0 を基準周波数 f_R と常に一致させるように動作し、次の関係が成り立ちます。

$$f_R = \frac{f_0}{N} \qquad\qquad f_0 = N \times f_R$$

したがって、出力周波数 f_0 は、基準周波数 f_R を安定な水晶発振器で発振させておけば、分周器の分周比 N を適当に設定することにより、多くの安定した周波数を得ることができます。

③ IDC 回路は、入力の音声信号大きくなっても周波数偏移が規定値以内になるように制御する瞬時偏移制御回路です。

答 4

問題 17 直接 FM 方式の FM（F3E）送信機において、大きな音声信号が加わったときに周波数偏移を一定値内に納めるためには、図の空欄の部分に何を設けたらよいか。

1. IDC 回路　　2. AFC 回路
3. ANL 回路　　4. 音声増幅器

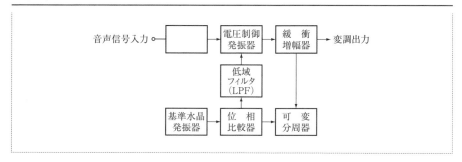

答 1

〔電信送信機〕

問題 18　電信送信機の出力の異常波形の概略図とその原因が、正しく対応しているのは、次のうちどれか。

　　　　波　形　　　　　　　原　因

1.　⎍⋀⋀⋀⎍　電けん回路のリレーのチャタリング

2.　⎍⎺⎍　電けん回路のキークリック

3.　⎍⎺⎍　電源の電圧変動率が大きい

4.　⎍▬⎍　電源平滑回路の作用不完全

解説　電信送信機の原理的な構成は、問題 1 の解説の AM（A3E）送信機の音声増幅器及び変調器を除いた構成で、電力増幅回路などの電けん回路を操作して搬送波をモールス符号などを使用して、発射電波を断続する送信機です。

①　1 のような出力波形になる原因は、電信送信機の**電けん回路**（搬送波をモールス符号などを使い発射電波を断続する回路）の**リレーのチャタリング**（リレーの舌片が完全に接触しないで躍動する）**によるため**です。

②　2 のような出力波形になる原因は、電信送信機の電源の容量が不足しているため（**電源の電圧変動率が大きいため**）です。なお、電源の電圧変動率は、出力電圧が負荷の大小によって（負荷電流の変化に対して）どの程度変動するか、その変動の程度を表すものをいいます。

③　3 のような出力波形になる原因は、電信送信機の電けん回路の電けんの接点の火花

などにより**キークリック**(電信符号を受信したとき、符号の前と後で鋭いカッカッという音が聞こえる現象をいう)**が発生しているためです。**

④ 4のような出力波形になる原因は、電信送信機が**寄生振動を起こしている**ためです。寄生振動は、電信送信機の増幅器や発振器の目的とする周波数に関係のない別の周波数で発振を起こしている現象をいいます。

答 1

問題 19 電信送信機の出力の異常波形の概略図とその原因が、正しく対応しているのは次のうちどれか。

波 形 　　　　　 原 因

1. 電けん回路のキークリック

2. 電源の容量不足

3. 電源のリプルが大きい

4. 電源平滑回路の作用不完全

答 2

問題 20 電信送信機において、出力波形が概略以下の図のようになる原因は、次のうちどれか。

1. 電源電圧の変動率が大きい
2. 電源平滑回路の作用不完全
3. 電けん回路のキークリック
4. 電けん回路のリレーのチャタリング

解説 ① 問題の図のような出力波形になる原因は、電信送信機の電源回路の平滑作用が不完全でリプルが大きいためです。なお、リプルは、脈流(脈動電流)中に含まれている交流分のことです。

② 電源回路の平滑作用が不完全なのは、平滑回路のコンデンサの(静電)容量不足が一原因です。

答 2

問題 21　電信送信機において、出力波形が概略以下の図のようになる原因は、次のうちどれか。

1. 電けん回路のリレーにチャタリングが生じている。
2. 寄生振動が生じている。
3. キークリックが生じている。
4. 電源のリプルが大きい。

答 4

問題 22　電信送信機において、出力波形が概略以下の図のようになる原因は、次のうちどれか。

1. 電けん回路のリレーのチャタリング　　2. 電源の容量不足
3. 電源平滑回路の作用不完全
4. 電けん回路のフィルタが不適当

解説 ①　問題の図のような出力波形になる原因は、電信送信機の電源の容量が不足しているので電圧変動率が大きいためです。
②　電源の電圧変動率は、負荷の大小によって出力電圧がいかに変化するかを表すもので、電源容量が低下すると電圧変動率が大きくなります。

答 2

問題 23　電信送信機において、出力波形が概略以下の図のようになる原因は、次のうちどれか。

1. 電源のリプルが大きい。　　　　　　　2. 寄生振動が生じている。
3. 電けん回路のリレーにチャタリングが生じている。
4. キークリックが生じている。

答 2

問題 24　電信送信機において、出力波形が概略以下の図のようになる原因は、次のうちどれか。

1. 電源のリプルが大きい。
2. 電けん回路のリレーにチャタリングが生じている。
3. キークリックが生じている。

4. 寄生振動が生じている。

答 3

問題 25 電信送信機において、出力波形が概略以下の図のようになる原因は、次のうちどれか。
1. 電けん回路のリレーのチャタリング
2. 電源の容量不足
3. 電源回路の作用不完全
4. 電けん回路のフィルターの作用不完全

答 1

問題 26 電信送信機において、電けんを押すと送信状態となり、電けんを離すと受信状態となる電けん操作は、何と呼ばれているか。
1. ブレークイン方式　　　　　　2. 同時送受信方式
3. VFO 方式　　　　　　　　　　4. PTT 方式

解説 ① 「同時送受信方式」は、電話送信機において同時に送信も受信も可能な回線構成の方法をいいます。
② 「PTT 方式」は、プレストーク方式ともいい、電話送信機において送信のときは押しボタンを押し、受信をするときは押しボタンをはなす方法をいいます。

答 1

〔高調波除去用フィルタの特性〕

問題 27 次の記述の ＿＿＿＿ 内に入れるべき字句の組合せで、正しいのはどれか。

送信機の出力端子に接続して、高調波を除去するフィルタとして ＿A＿ が用いられる。このフィルタの減衰量は、＿B＿ に対してなるべく小さく、＿C＿ に対しては十分大きくなければならない。

	A	B	C
1.	高域フィルタ（HPF）	基本波	低調波
2.	帯域フィルタ（BRF）	低調波	高調波

> 3. 低域フィルタ（LPF）　　　基本波　　　高調波
>
> 4. 低域フィルタ（LPF）　　　高調波　　　基本波

解説 ①　送信機から発射される高調波は、発射する基本波周波数の電波と同時に発射される基本波周波数の2倍、3倍…というような整数倍の周波数の電波をいいます。また、送信機から発射される低調波は、発射する基本周波数の電波と同時に発射される基本波周波数の $\frac{1}{2}$、$\frac{1}{3}$…というような整数分の1の周波数の電波をいいます。

②　フィルタは、特定な周波数以下の低い周波数帯を通過させ、それ以上の高い周波数を減衰させる特性の LPF（低域フィルタ、Low-Pass Filter）、特定な周波数以上の高い周波数帯を通過させ、それ以下の周波数帯を減衰させる HPF（高域フィルタ、High-Pass Filter）、特定の周波数帯だけを通過させ、それ以外の他の周波数帯を減衰させる BPF（帯域フィルタ、Band-Pass Filter）、BPF とは逆に、ある特定の周波数帯を減衰させる BRF（帯域消去フィルタ、Band-Rejection Filter）または BEF（帯域消去フィルタ、Band Elimination Filter）があります。

③　送信機から発生する高調波を除去するフィルタは、発射する電波の周波数（基本波）を通過させ、高調波を減衰させる **LPF** が用いられます。このため、減衰量は、**基本波**に対してはなるべく小さく、**高調波**に対しては十分大きくなければなりません。

答 3

問題 28　次の記述の［　　　　　］内に入れるべき字句の組合せで、正しいのはどれか。

(1) 送信機で発生する高調波がアンテナから発射されるのを防止するため、［　A　］を用いる。

(2) 高調波の発射を防止するフィルタの遮断周波数は、基本波周波数より［　B　］。

	A	B		A	B
1.	高域フィルタ（HPF）	低い	2.	低域フィルタ（LPF）	低い
3.	高域フィルタ（HPF）	高い	4.	低域フィルタ（LPF）	高い

解説 遮断周波数とは、フィルタなどにおいて、通過帯域と減衰帯域の境界の周波数です。

答 4

---

§4 受信機

〔DSB 受信機〕

問題 1 図に示す DSB（A3E）スーパヘテロダイン受信機の構成には誤った部分がある。これを正しくするにはどうすればよいか。

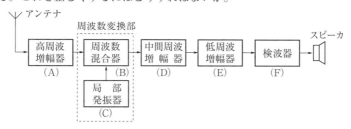

1. （A）と（D）を入れ替える。　　2.（E）と（F）を入れ替える。
3. （B）と（C）を入れ替える。　　4.（D）と（F）を入れ替える。

解説 図は、DSB（A3E）スーパヘテロダイン受信機（シングルスーパヘテロダイン方式）の基本的な構成例で、動作の概要は次のとおりです。

アンテナに誘起した振幅変調（DSB）波は、高周波増幅器で増幅された後、DSB 波の搬送波周波数 f_r は局部発振器の出力の発振周波数 f_L とともに周波数混合器に加えられ、特定の中間周波数 f_i の信号に変換されます。この中間周波数の信号は、中間周波増幅器で増幅され、**検波器**（変調波から信号波を取り出す回路）に加えられて DSB 波の信号波が得られます。この信号波は、**低周波増幅器**で増幅されて、スピーカを動作させています。

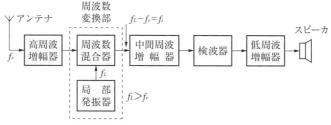

答 2

問題 2　図に示す DSB (A3E) スーパヘテロダイン受信機の構成には誤った部分がある。これを正しくするにはどうすればよいか。

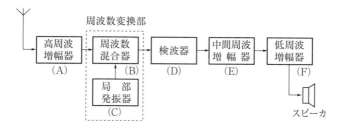

周波数変換部

1.　(A) と (F) を入れ替える。　　　2.　(B) と (C) を入れ替える。
3.　(C) と (D) を入れ替える。　　　4.　(D) と (E) を入れ替える。

答 4

問題 3　次の記述の　　　　内に入れるべき字句の組合せで、正しいのは次のうちどれか。

　　シングルスーパヘテロダイン受信機において、　　 A 　　を設けると、　　 B 　　で発生する雑音の影響が少なくなるため　　 C 　　が改善される。

	A	B	C
1.	高周波増幅部	中間周波増幅部	選択度
2.	中間周波増幅部	周波数変換部	信号対雑音比
3.	周波数変換部	中間周波増幅部	選択度
4.	高周波増幅部	周波数変換部	信号対雑音比

解説 ①　受信機の内部で発生する雑音は、周波数混合器に使われているトランジスタなどの内部で発生する雑音が最も大きいので、その前段に**高周波増幅器を設けて****DSB 波を増幅**して、**内部雑音より大きく**すれば、受信機出力の**信号対雑音比 (S/N)****が改善**されます。

②　信号対雑音比は、その値が大きいほど良い受信機です。

答 4

問題 4　スーパヘテロダイン受信機の周波数変換部の作用は、次のうちどれか。

1.　受信周波数を中間周波数に変える。

2.　音声周波数を中間周波数に変える。

3.　中間周波数を音声周波数に変える。

4.　受信周波数を音声周波数に変える。

解説　スーパヘテロダイン受信機の周波数変換部は、問題1の解説の図のように周波数混合器と局部発振器で構成され、**受信周波数 f_r を**これより低い（または高い）特定の**中間周波数 f_i に変換する**ために設けます。

答 1

問題 5　中間周波数が 455〔kHz〕のスーパヘテロダイン受信機で、21.350〔MHz〕の電波が受信されているとき、局部発振周波数は次のどの周波数となるか。

1.　22.260〔MHz〕 2.　21.805〔MHz〕

3.　21.350〔MHz〕 4.　20.440〔MHz〕

解説 ①　中間周波数は、問題1の解説の図の周波数混合器の出力周波数 f_i です。受信周波数を f_r〔kHz〕、局部発振周波数を f_L〔kHz〕、中間周波数を f_i〔kHz〕とすれば、次式のような関係があります。

$f_i = f_L - f_r$ 　　∴ $f_L = f_i + f_r$ 　　　　　……（ア）

$f_i = f_r - f_L$ 　　∴ $f_L = f_r - f_i$ 　　　　　……（イ）

②　この式に、題意の数値を代入すれば、

（ア）の場合　　　$f_L = 455 + 21,350 = 21,805$〔kHz〕

$= 21.805$〔MHz〕

（イ）の場合　　　$f_L = 21,350 - 455 = 20,895$〔kHz〕

$= 20.895$〔MHz〕

答 2

問題 6　次の記述の □ 内に入れるべき字句の組合せで、正しいのはどれか。

スーパヘテロダイン受信機の中間周波増幅器は、周波数混合器で作られた中間周波数の信号を □ A □ するとともに、□ B □ 妨害を除去する働きをする。

	A	B
1.	復調	影像（イメージ）周波数
2.	周波数変換	過変調
3.	周波数逓倍	混変調

---

4. 増幅　　　　近接周波数

解説 ① **中間周波増幅器**は、受信機での増幅度の大部分と、受信周波数に近接する周波数の選択度を良くする部分です。

(a)

② 中間周波増幅器は、図（a）のように、2個の同調回路を結合させた複同調形の中間周波変成器（IFT）を用い、同調回路を中間周波数に同調させ、かつ、その結合を適当にすれば、図（b）のような特性となります。近接周波数に対する選択度を良くするためには、両側の傾斜が急になるようにします。

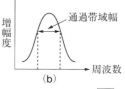

(b)

答 4

問題 7　次の記述の___内に入れるべき字句の組合せで、正しいのはどれか。

スーパヘテロダイン受信機の中間周波増幅器の通過帯域幅が受信電波の占有周波数帯幅と比べて極端に___A___場合には、必要とする周波数帯域の一部が増幅されないので、___B___が悪くなる。

	A	B		A	B
1.	狭い	選択度	2.	狭い	忠実度
3.	広い	感度	4.	広い	安定度

解説 ① 中間周波増幅器は、問題6の解説の図（b）に示したような特性の中間周波変成器を用います。この通過帯域幅は、受信電波の占有周波数帯幅にします。

② **中間周波増幅器の通過帯域幅**が受信電波の占有周波数帯幅に比べて**極端に狭い**場合には、必要とする周波数帯域の一部が増幅されないので**忠実度が悪く**なります。また、通過帯域幅が極端に広い場合には、必要としない周波数帯域まで増幅されるので選択度が悪くなります。

③ **忠実度**は、送信側から送られた**信号**が受信機の出力側でどれだけ**忠実に再現できるかの能力**を表します。

④ 選択度は、周波数の異なる数多くの電波の中から、他の電波の混信を受けないで、目的とする電波を選び出すことができる能力を表すものです。

⑤ 感度は、どれだけ弱い電波まで受信できるかの能力を表すものです。

⑥ 安定度は、受信機で一定の周波数と一定の強さの電波を受信したとき、再調整しないでどれだけの長時間にわたって、一定の出力が得られるかという能力をいいます。

答 2

問題 8 図は、スーパヘテロダイン受信機の検波回路である。可変抵抗器 VR の
タップ T を a 側に移動させると、どのようになるか。

1. 低周波出力が減少する。
2. AGC 電圧が増大する。
3. 低周波出力が増大する。
4. AGC 電圧が減少する。

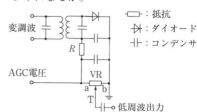

解説 ① 問題の図において、変調波はダイオードによって検波され、抵抗 R と 2 個
のコンデンサを組合せたフィルタ回路で高周波成分を取り除かれた低周波電流が可変
抵抗器 VR に流れて、ab 間に低周波電圧(検波出力)を生じます。

VR のタップ T を a 側に移動させると、Tb 間の抵抗値が増加するので、低周波出
力は増大し、また b 側に移動させると、Tb 間の抵抗値が減少するので、低周波出力
は減少します。

ab 間の低周波電圧は、抵抗 R とコンデンサを組合せたフィルタ回路を通して直流
電圧に変換して AGC 電圧にします。また、ab 間の低周波電圧(図の AGC 電圧)は、
変調波の大小によって増減しますが、タップを移動させても変化しません。

② AGC 回路は、DSB (A3E) 受信機の入力信号レベルが変動しても出力をほぼ一定に
するための回路です。この回路では、検波器の出力から直流電圧を取り出し、この電
圧を中間周波増幅器などに加え、入力信号レベルの強弱に応じて自動的に増幅度を制
御します。

注意 AGC は、Automatic Gain Control の略で、自動利得制御といいます。

答 3

問題 9 図は、スーパヘテロダイン受信機の検波回路である。可変抵抗器 VR の
タップ T を b 側に移動させると、どのようになるか。

1. 低周波出力が増大する。
2. AGC 電圧が増大する。
3. 低周波出力が減少する。
4. AGC 電圧が減少する。

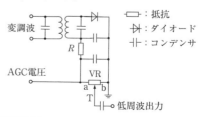

注意 この問題は、問題8とは反対に、動接点付抵抗器VRのタップTをb側に移動させたときの場合です。

答 3

問題 10 AM受信機において、受信入力レベルが変動すると、出力レベルが不安定となる。この出力を一定に保つための働きをする回路は、次のうちどれか。
1. クラリファイヤ（又はRIT）回路　　　　2. スケルチ回路
3. IDC回路　　　　　　　　　　　　　4. AGC回路

解説 ① 「クラリファイヤ」は、問題12の解説参照。
② 「スケルチ」は、FM（F3E）受信機において、受信電波がないときにスピーカから聞こえる大きな雑音を消すための回路です。
③ 「IDC」は、瞬時周波数偏移制御（Instantaneous Deviation Control の略）のことでFM（F3E）送信機に用いられます（§3の問題12参照）。

答 4

問題 11 受信電波の強さが変動しても、受信出力を一定にする働きをするものは、何と呼ばれるか。
1. IDC　　　　　2. BFO　　　　　3. AFC　　　　　4. AGC

解説 ① 「BFO」は、問題15の解説参照。
② 「AFC」は、自動周波数制御（Automatic Frequency Control の略）のことで、FM（F3E）送信機に自励（LC）発振器を用いる場合、発振周波数の安定度を良好にするために用いられます。

答 4

〔SSB受信機〕

問題 12 SSB（J3E）受信機において、クラリファイヤ（又はRIT）を設ける目的は、次のうちどれか。
1. 受信強度の変動を防止する。
2. 受信周波数目盛を校正する。
3. 受信雑音を軽減する。
4. 受信信号の明りょう度を良くする。

解説 ① 図は、SSB (J3E) 受信機の基本的な構成例で、動作の概要は次のとおりです。

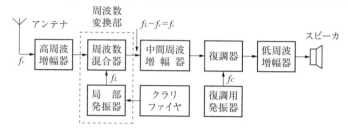

アンテナに誘起した中心周波数 f_r の SSB (J3E) 電波は、高周波増幅器で増幅された後、局部発振器の出力の発振周波数 f_L とともに周波数混合器に加えられて中心周波数が特定の中間周波数 f_i の SSB 信号に変換され、中間周波増幅器で増幅されます。中間周波増幅器で増幅された中心周波数 f_i の SSB 信号は、復調用発振器の出力の発振周波数 f_C とともに復調器に加えられ検波されます。こうして得られた音声信号出力は、低周波増幅器で増幅されてスピーカを動作させています。

② クラリファイヤ（または RIT）は、スピーカから聞こえる**受信信号がひずんで明瞭度が悪くなった場合、局部発振器の発振周波数 f_L をわずかに変化させて、その信号を明瞭に受信できるように**します。

局部発振器の発振周波数 f_L がずれると、復調器に加わる SSB 信号の中心周波数が f_i からずれ、復調用発振器の発振周波数 f_C から 1.5〔kHz〕離れた周波数ではなくなるため、受信信号にひずみが生じ音声出力の明瞭度が悪くなります。

③ 復調器では、中間周波数に変換された SSB 信号に局部発振器の発振周波数を加えて検波し、音声信号を得ています。

④ 復調用発振器の発振周波数 f_C は、中間周波数 f_i から 1.5〔kHz〕離れた周波数で、中間周波数に変換された SSB 信号の抑圧搬送波に相当する周波数です。

⑤ 「RIT」は、Receiver Incremental Tuning の略です。

答 4

問題 13 クラリファイヤ（又は RIT）を用いて行う調整の機能として、正しいのは次のうちどれか。

1. 低周波増幅器の出力を変化させる。
2. 局部発振器の発振周波数を変化させる。
3. 高周波増幅器の同調周波数を変化させる。
4. 検波器の出力を変化させる。

〔FM 受信機〕

問題 14　次の記述の　　　　　内に入れるべき字句の組合せで、正しいのはどれか。

　周波数弁別器は、　A　の変化から信号波を取り出す回路であり、主としてFM 波の　B　に用いられる。

	A	B
1.	周波数	復調
2.	周波数	変調
3.	振幅	復調
4.	振幅	変調

解説　**FM 波は、搬送波の周波数を信号波の振幅で変化させているので、FM 波をそのまま AM 波の検波器で検波しても、信号波を復調することはできません。**このため、**周波数の変化を振幅の変化に変換してから AM 波用の検波器に加えて復調**します。このように、二つの働きを行う回路を**周波数弁別器**といいます。

答 1

〔電信（A1A）用受信機〕

問題 15　A1A 電波を受信する無線電信受信機の BFO（ビート周波数発振器）はどのような目的で使用されるか。
1. ダイヤル目盛を校正する。
2. 通信が終わったとき警報を出す。
3. 受信信号を可聴周波信号に変換する。
4. 受信周波数を中間周波数に変える。

解説 ①　問題 1 の解説の DSB（A3E）受信機で、搬送波を断続する電信電波（A1A）を受信すると、直流分の断続によるクリック音しか得られません。このために、DSB受信機の検波器に BFO（Beat Frequency Oscillator、ビート周波数発振器）を付加し、この出力周波数 f_b を中間周波数 f_i の信号とともに検波器に加えて検波すれば、受信の電信信号（電信のマーク信号）を可聴周波の信号に変換できます。

② 問題1の解説のDSB受信機の構成図の検波器に、中間周波数 f_i とBFOの発振周波数 f_o を加えて混合すると、出力側には、$(f_o - f_i)$ 又は $(f_i - f_o)$ の可聴周波成分を取り出すことができます。このような作用をヘテロダイン検波といいます。

答 3

問題 16　電信用受信機のBFO（ビート周波数発振器）の説明で、正しいのは次のうちどれか。
1. 受信信号を可聴周波信号に変換するための回路である。
2. ダブルスーパヘテロダイン方式の第二局部発振器の回路である。
3. 水晶発振器を用いた周波数安定回路である。
4. 出力側から出る雑音を少なくする回路である。

答 1

〔混信妨害〕

問題 17　受信機で希望する電波を受信しているとき、近接周波数の強力な電波により受信機の感度が低下するのは、どの現象によるものか。
1. 引込み現象
2. 相互変調妨害
3. 影像周波数妨害
4. 感度抑圧効果

解説 ① 引込み現象は、自励（LC）発振器に他の発振器の出力を結合すると、自励発振器の発振周波数が影響を受けて、他の発振器の発振周波数に近付く現象です。

② 相互変調妨害は、受信機に希望波以外の二つ以上の不要波が混入したときに、回路の非直線性により、不要波の高調波（または不要波の周波数の整数倍）の和または差の周波数が生じ、これらが受信機の中間周波数や影像周波数に合致したときに混信を生ずる現象をいいます。

③ スーパヘテロダイン受信機において、図のように受信周波数より中間周波数の2倍だけ高い、または低い周波数を影像（イメージ）周波数といいます。

図 (a) のように、局部発振器の発振周波数 f_L が受信周波数 f_r よりも中間周波数 f_i だけ高い場合（問題4、5参照）は、$f_L - f_r = f_i$ となります。一方、f_L より更に f_i だけ高い周波数 f_U の到来電波は、周波数変換部の出力において、$f_U - f_L = f_i$ の関係が生じて、同

じ中間周波数 f_i ができ、影像周波数の関係となって、受信周波数 f_r の受信への混信となります。また、図（b）のように、f_L が f_r よりも f_i だけ低い場合（問題4、5参照）、影像周波数により混信妨害を生じるのは、周波数 $f_U=f_L-f_i$ のときです。このように、影像周波数による混信妨害を影像周波数妨害（影像混信）といいます。

④　感度抑圧効果は、希望する電波を受信しているとき、近接周波数の強力な電波により、受信機の感度が低下する現象をいいます。

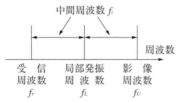

（a）局部発振周波数が受信
　　周波数より高い場合

（b）局部発振周波数が受信
　　周波数より低い場合

答 4

問題 18　スーパヘテロダイン受信機において、影像周波数妨害を軽減する方法で、誤っているのは次のうちどれか。

1. アンテナ回路にウェーブトラップを挿入する。
2. 高周波増幅部の選択度を高くする。
3. 中間周波増幅部の利得を下げる。
4. 中間周波数を高くする。

解説 ①　ウェーブトラップ（並列共振回路）をアンテナ回路に挿入して、ウェーブトラップを影像周波数に同調させて影像周波数を除去し、高周波増幅器に入らないようにします。

　　ウェーブトラップは、ある特定の周波数の混信を除去するため、アンテナに直列に接続するコイルとコンデンサの並列共振回路をいいます。この並列共振回路を妨害電波の周波数に同調させると、この周波数に対してアンテナ回路は高いインピーダンス回路になり、受信機の入力回路にはほとんど電圧を誘導せず、混信を除去できます。

②　高周波増幅器の同調回路の尖鋭度（Q）を高くして選択度を良くすると、影像周波数に対する選択度が向上するので影像周波数が減衰します。

③　影像周波数は、受信周波数から中間周波数の2倍の周波数だけ離れている（問題17の解説の図参照）ので、中間周波数を高くして受信周波数と影像周波数の間隔を広げ

ると、影像周波数を除去しやすくなります。

答 3

問題 19　スーパヘテロダイン受信機において、近接周波数による混信を軽減するには、どのようにするのが最も効果的か。
1. AGC 回路を断(OFF)にする。
2. 高周波増幅器の利得を下げる。
3. 局部発振器に水晶発振回路を用いる。
4. 中間周波増幅部に適切な特性の帯域フィルタ(BPF)を用いる。

解説 ①　受信機の選択度が十分でないと、目的の電波の周波数に近接した周波数の電波が混入して混信します。この場合を近接周波数による混信といいます。
②　受信機の中間周波増幅器の中間周波変成器(IFT)の代わりに、通過帯域外の減衰傾度が大きい帯域フィルタを用いると、受信機の近接周波数による混信を軽減できます。

答 4

問題 20　スーパヘテロダイン受信機において、中間周波変成器(IFT)の調整が崩れ、帯域幅が広がるとどうなるか。
1. 近接周波数による混信を受けやすくなる。
2. 影像周波数による混信を受けやすくなる。
3. 強い電波を受信しにくくなる。
4. 出力の信号対雑音比が良くなる。

解説　中間周波増幅器の中間周波変成器(IFT)の調整が崩れて帯域幅が広がると、中間周波増幅器の通過帯域幅が広くなるので、受信機の選択度が低下し、近接周波数による混信を受けやすくなります。

答 1

§5 電波障害

問題 1 アマチュア局の電波が、近所のテレビジョン受像機に電波障害を与えることがあるが、これを通常何というか。

1. BCI   2. EMC   3. ITV   4. TVI

解説 ① 「BCI」(Broadcast Interference の略)は、無線局の電波が AM/FM ラジオ放送の受信に支障を与える電波障害をいいます。

② 「EMC」(Electro-Magnetic Compatibility の略)は、電磁妨害の存在する環境において、電子機器などが満足に機能する能力をいいます。

③ 「ITV」(Industrial Television の略)は、産業用テレビジョンです。

④ 「TVI」(Television Interference の略)は、無線局の電波がテレビ放送の受信に支障を与える電波障害をいいます。

答 4

問題 2 アマチュア局の電波が近所のラジオ受信機に電波障害を与えることがあるが、これを通常何というか。

1. TVI   2. BCI   3. アンプ I   4. テレホン I

解説 ① 「アンプ I」は、ステレオ、テープレコーダ、電子楽器などの低周波増幅部へ無線局の音声や符号の電波が混入する電波障害をいいます。

② 「テレホン I」は、電話機や電話線に誘起した無線局の音声や符号の電波が混入する電波障害をいいます。

答 2

問題 3 ラジオ受信機に付近の送信機から強力な電波が加わると、受信された信号が受信機の内部で変調され、BCI を起こすことがある。この現象を何変調と呼んでいるか。

1. 過変調   2. 平衡変調   3. 位相変調   4. 混変調

解説 ラジオ受信機の高周波増幅器、周波数混合器に付近の無線局から変調された強力な電波(基本波)が加わると、この電波の変調信号によって、内部で受信波信号が変調され BCI を起こすことがあります。このような混信現象を混変調といいます。

答 4

問題 4　ラジオ受信機に付近の送信機から強力な電波が加わると、受信された信号が受信機の内部で変調され、BCI を起こすことがある。この現象を何と呼んでいるか。
　1.　フェージング　　　2.　ハウリング　　　3.　ブロッキング　　　4.　混変調

解説 ①　ハウリング…低周波増幅器の入力端子にマイクロホンが接続されているときに、スピーカから出る音の一部がマイクロホンに入って、ピーというような音の一種の低周波発振が生ずる現象をいいます。
②　ブロッキング…LC 発振器で突発的に発振が止まる現象をいいます。

答 4

問題 5　アマチュア局から発射された短波の基本波が、他の超短波(VHF)帯の受信機に混変調による電波障害を与えた。この防止対策として、受信機のアンテナ端子と給電線の間に挿入すればよいのは、次のうちどれか。
　1.　高域フィルタ(HPF)　　　　　2.　ラインフィルタ
　3.　アンテナカプラ　　　　　　　4.　低域フィルタ(LPF)

解説 ①　防止対策は、超短波(VHF)帯の受信機のアンテナ端子に VHF 帯の電波だけが加わり、アマチュア局から発射された短波(HF)帯の基本波の電波が加わらないようにします。このために、短波(HF)帯の基本波の電波を減衰させ、この周波数より高い VHF 帯の電波を通過させる高域フィルタ(HPF)を、受信機のアンテナ端子と給電線の間に挿入します。
②　「高域フィルタ」(HPF、High Pass Filter)は、コイルとコンデンサを組合わせて特定な周波数より低い周波数成分を減衰させ、これより高い周波数成分を通過させる特性のフィルタをいいます。
③　「アンテナカプラ」(アンテナ結合器)は、送信機出力とアンテナ系の給電線との整合(インピーダンス変換)を目的とした結合回路です。
④　「ラインフィルタ」は、送信機内部の高調波などの不要波が電源回路から電源ライン(AC 100V 周波数 50Hz または 60Hz)に流出しないように、また不要波が電源ライ

ンから受信機の電源回路に流入しないように、それぞれの電源回路に挿入する低域フィルタです。

⑤ 「低域フィルタ」(LPF、Low Pass Filter)は、コイルとコンデンサを組合わせて特定な周波数以下の周波数帯を通過させ、それ以上の高い周波数を減衰させる特性のフィルタをいいます。

注意 短波(HF)帯は、3MHz を超え 30MHz 以下の周波数帯、超短波(VHF)帯は、30MHz を超え 300MHz 以下の周波数帯です。

答 1

問題 6 送信設備から電波が発射されているとき、BCI の発生原因となるおそれがあるもので、誤っているのは次のうちどれか。
1. アンテナ結合回路の結合度が疎になっている。
2. 過変調になっている。
3. 寄生振動が発生している。
4. 送信アンテナが送電線に接近している。

解説 ① 送信機の終段電力増幅器の同調回路とアンテナとのアンテナ結合回路の結合度を密にすると、電力増幅器の出力に高調波を多く含むようになり、BCI の原因になります。

② DSB(A3E)送信機において、変調度が100%を超えて過変調になると、出力波形がひずんで、高調波を含むことになるので、BCI の原因になります。

③ 送信機の増幅器や発振器の目的とする周波数に関係のない別の周波数での発振(寄生振動)は、BCI の原因になります。

④ 送信設備の送信アンテナが家庭に電気を供給している送電(電燈)線に接近していると、送電線に送信機からの電波が誘起して混変調による BCI の原因になります。

注意 図のように、二つのコイル L_1 と L_2 を接近させて、L_1 に流れる電流の大きさが変わると、L_2 に交わる磁力線数も変わり、誘導結合により L_2 に(誘導)電流が流れます。この場合、L_1 に発生する磁力線が、L_2 に交わる磁力線の度合いを二つのコイルの結合度(結合係数)といい、結合度が大きいときを密結合、小さいときを疎結合といいます。

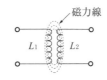
磁力線
L_1 L_2

答 1

問題 7 送信設備から電波が発射されているとき、BCI の発生原因となるおそれ

がないものは、次のうちどれか。

1. 送信アンテナが電灯線（低圧配電線）に接近している。
2. 広帯域にわたり強い不要発射がある。
3. 寄生振動が発生している。
4. アンテナ結合回路の結合度が疎になっている。

答 4

問題 8　電信（A1A）送信機で電波障害を防ぐ方法として、誤っているものは、次のうちどれか。

1. 給電線結合部は、静電結合とする。
2. 低域フィルタ（LPF）又は帯域フィルタ（BPF）を挿入する。
3. キークリック防止回路を設ける。
4. 高調波トラップを使用する。

解説 ①　給電線結合部（送信機の終段電力増幅器の出力を効率よくアンテナに供給するため電力増幅器の出力とアンテナの給電線との間に挿入する結合部）は、図の**静電結合**（静電容量による結合）を避けて、**誘導結合**（相互インダンス M による結合、電磁

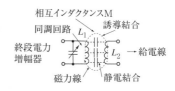

結合）にし、電波障害の原因になる高調波がコイル L_2 に誘導しないようにします。静電結合を避けるには、コイル L_1 と L_2 の結合を疎結合にします。

②　電波障害の原因になる送信機から発射される電波に含まれる高調波及び低調波を減衰させるため、LPF または BPF を送信機の出力端子とアンテナの間に挿入します。

③　電信送信機の電鍵回路でキークリックを生じる（**§3　送信機**の問題 16 の解説③参照）と、出力波形が異常となり、多数の高調波が発生し、電波障害の原因になるので、キークリック防止回路（電けんに並列にコンデンサと抵抗の直列回路を接続する）を設けます。

④　高調波トラップは、高周波回路で特定な高調波を吸収減衰させるために付加する回路で、一般には高調波の周波数に同調するコイルとコンデンサの直列または並列共振回路が用いられます。したがって、特定な周波数による電波障害がある場合は、送信機の出力端子とアンテナとの間に高調波の周波数に同調する高調波トラップを挿入します。

答 1

問題 9　次の記述は、送信機による BCI を避けるための対策について述べたもの

である。 □内に入れるべき字句の組合せで、正しいのはどれか。

(1) 送信機の終段の同調回路とアンテナとの結合をできるだけ □ A □ にする。

(2) 電信送信機ではキークリックを避け、電話送信機では □ B □ する。

	A	B		A	B
1.	密	過変調にならないように	2.	密	出力を増加
3.	疎	過変調にならないように	4.	疎	出力を増加

答 3

問題 10 送信機において、BCI が発生する最も重大な要因となるのは、次のうちどれか。

1. 送信出力がリプルによる変調を受けているとき

2. 発射電波の周波数安定度が悪いとき

3. 電源電圧が変動しているとき

4. 電けん回路でキークリックが発生しているとき

答 4

問題 11 送信機が、他の無線局の受信設備に、妨害を与えることがあるのは、次のどのような状態のときか。

1. 電源フィルタが使用されたとき

2. 高調波が発射されたとき

3. 送信電力が低下したとき

4. 電源に蓄電池が使用されたとき

解説 無線局から発射される電波が、他の無線局の受信機(設備)に妨害を与える原因は、発射電波に含まれる高調波、低調波などのスプリアス波によるものと、妨害を受ける受信機の混変調などによるものに大別できます。

答 2

問題 12 空電による雑音妨害を、最も受けやすい周波数帯は、次のうちどれか。

1. マイクロ波(SHF)帯 2. 極超短波(UHF)帯

3. 超短波(VHF)帯 4. 短波(HF)帯以下

解説 空電は、大気中の自然現象によって発生しこれが雑音妨害となります。多くは雷雲に起因します。空電は、一般に長波(LF)帯で最も著しく、中波(MF)帯から短波(HF)帯になるにしたがって弱くなり、超短波(VHF)帯以上では妨害はほとんどありません。

答 4

問題 13 雑音電波の発生を防止するため、送信機でとる処置で、有効でないものは、次のうちどれか。
1. 高周波部をシールドする。　　2. 各種の配線を束にする。
3. 接地を完全にする。　　4. 電源線にノイズフィルタを入れる。

解説 各種の配線を束にすると、配線間の静電容量などにより自己発振や寄生振動などによる雑音電波の発生の原因になります。

答 2

問題 14 アマチュア局から発射された 435 [MHz] 帯の基本波が、地デジ(地上デジタルテレビ放送 470 〜 710 [MHz])のアンテナ直下型受信用ブースタに混入して電波障害を与えた。この防止対策として、地デジアンテナと受信用ブースタとの間に挿入すればよいのは、次のうちどれか。

	A	B
1.	低域フィルタ(LPF)	ラインフィルタ
2.	トラップフィルタ(BEF)	トラップフィルタ(BEF)
3.	SWR メータ	同軸避雷器
4.	ラインフィルタ	SWR メータ

解説 受信ブースタは、アンテナで受信した電波を増幅する機器で、テレビアンテナの直下に取り付けたり、卓上形のものを設置します。

地上デジタルテレビ放送(地デジ)用の受信ブースタは、470 〜 710 [MHz] と非常に広帯域の増幅特性をもち、かつ、高利得の増幅器です。アマチュア局から発射された 435 [MHz] 帯の電波がテレビアンテナなどに誘起して受信ブースタに混入すると、混変調による電波障害を生じます。防止対策としては、地デジアンテナと受信用ブースタの間に、430 [MHz] 帯の電波を減衰させるトラップフィルタ(ある周波数帯だけを減衰させ、それ以外の周波数帯を通過させる帯域消去フィルタ(BEF))を挿入します。

答 A:2　B:2

§6 電源

〔整流回路〕

問題 1 次の記述は、接合ダイオードの特性について述べたものである。正しいのはどれか。

1. 順方向電圧を加えたとき、電流は流れにくい。
2. 順方向電圧を加えたとき、内部抵抗は小さい。
3. 逆方向電圧を加えたとき、内部抵抗は小さい。
4. 逆方向電圧を加えたとき、電流は容易に流れる。

解説 ① 接合ダイオードは、**順方向電圧を加えたときには電流が流れ**（内部抵抗は小さい）、**逆方向電圧を加えたときには電流はほとんど流れません**（内部抵抗は大きい）（**§1 基礎知識**の問題 13 の解説⑤参照）。

② PN 接合ダイオードは、順方向電圧を加えたときには電流が流れ、逆方向電圧を加えたときには電流が流れにくい性質があります。これを**整流作用**といい、交流を脈流（脈動電流）にすることができます。

答 2

問題 2 次の記述の　　　　内に入れるべき字句の組合せで、正しいのはどれか。

(1)電源回路で、交流入力電圧 100〔V〕、交流入力電流 2〔A〕というとき、これらの大きさは、一般に　A　を表す。

(2)交流の瞬時値のうちで最も大きな値を最大値といい、正弦波交流では、平均値は最大値の　B　倍になり、実効値は最大値の　C　倍になる。

	A	B	C		A	B	C
1.	実効値	$\frac{1}{\sqrt{2}}$	$\frac{2}{\pi}$	2.	実効値	$\frac{2}{\pi}$	$\frac{1}{\sqrt{2}}$
3.	平均値	$\frac{1}{\sqrt{2}}$	$\frac{2}{\pi}$	4.	平均値	$\frac{2}{\pi}$	$\frac{1}{\sqrt{2}}$

解 説 ① 交流の大きさは時々刻々変化し、任意の時間における値を瞬時値といい、瞬時値のうちの最大の値を最大値といいます。

② 正弦波交流の正の半周期を平均した値の絶対値を平均値といい、正弦波交流の平均値は最大値の $\frac{2}{\pi}$ 倍、実効値は最大値の $\frac{1}{\sqrt{2}}$ 倍です。

③ 交流の大きさは、一般に実効値で表します。

答 2

問 題 3 図は、ダイオードDを用いた半波整流回路である。この回路に流れる電流 i の方向と出力電圧の極性との組合せで、正しいのは次のうちどれか。

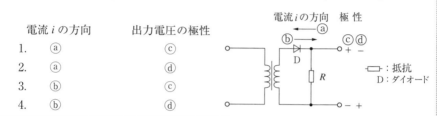

	電流 i の方向	出力電圧の極性
1.	ⓐ	ⓒ
2.	ⓐ	ⓓ
3.	ⓑ	ⓒ
4.	ⓑ	ⓓ

解 説 ① 図(ⓐ)の変成器(変圧器)は、一次側に交流電圧を加え、二次側から必要な交流電圧を取り出すためのものです。

変圧器(磁心入りの変成器)は、図(ⓐ)に示すような図記号で表し、一次巻線と二次巻線は鉄心の上に巻いているので、図記号の一次巻線と二次巻線の間に引かれている線は鉄心(磁心)を表しています。

② 図(ⓑ)の整流回路において、変圧器Tの二次側の図(ⓒ)の交流電圧がa端子がプラス(＋)、b端子がマイナス(－)の正(＋)の半周期のときは、ダイオードDには順方向電圧が加わるので、整流され、図(ⓓ)のような脈流(脈動電流)が負荷抵抗Rに図(ⓑ)の矢印方向に流れます。このため、負荷抵抗Rに生ずる出力電圧の極性は、問題の図のⓒのようになります。

次に、a端子がマイナス(－)、b端子がプラス(＋)の負(－)の半周期のときは、ダイオードDには逆方向電圧が加わるので、図(ⓓ)のようにRには電流はほとんど流れません。このように、交流電圧の正の半周期のときだけ、図(ⓓ)のような脈流が得られるので、この整流回路を半波整流回路といいます。

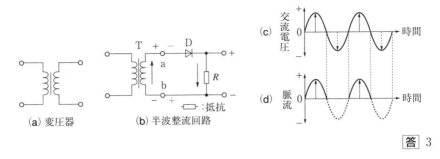

(a) 変圧器　　(b) 半波整流回路

（c）交流電圧／時間

（d）脈流／時間

□：抵抗

答 3

問題 4　図に示す整流回路において、その名称と出力側 a 点の電圧の極性との組合せで、正しいのは次のうちどれか。

名　称	a 点の極性
1. 半波整流回路	負
2. 全波整流回路	負
3. 半波整流回路	正
4. 全波整流回路	正

交流電圧　　D_1　　a
D_2　　R

□：抵抗
D_1, D_2：ダイオード

解説 ①　図（a）の整流回路において、変成器（変圧器）T の一次側の交流電圧が図（b）の正（＋）の半周期のときは、二次側の A-B 端子及び B-C 端子の電圧の極性は図（a）の実線で示したようになり、ダイオード D_1 に順方向電圧、ダイオード D_2 には逆方向電圧が加わるので、D_1 で整流され、負荷抵抗 R には図（a）の実線で示した矢印の方

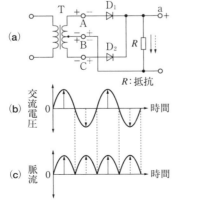

(a)　T　D_1　a　D_2　R　R：抵抗

(b) 交流電圧／時間

(c) 脈流／時間

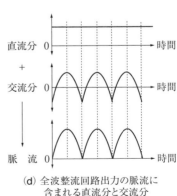

直流分／時間

＋

交流分／時間

脈　流／時間

（d）全波整流回路出力の脈流に
含まれる直流分と交流分

向に脈流（脈動電流）が流れます。このため、負荷抵抗 R に生ずる出力電圧の極性は、図(a)の a 点が正（プラス）になります。

　次に、変圧器 T の一次側の交流電圧が図(b)の負（－）の半周期のときは、変圧器の二次側の A-B 端子及び B-C 端子の電圧の極性は図(a)の点線のようになり、ダイオード D_1 に逆方向電圧、D_2 には順方向電圧が加わるので、ダイオード D_2 で整流されて負荷抵抗 R には図(a)の点線の矢印方向（すなわち、実線の電流と同じ方向）に脈流が流れます。このように、R には交流電圧の正の半周期と負の半周期の全周波で、図(c)のような脈流が得られるで、この整流回路を全波整流回路といいます。

② 脈流（脈動電流）は、図(c)のように電流の方向は変わらないが、大きさが時間とともに変化する一種の直流で、直流分と交流分が重ね合ってできています。例えば、図(c)の全波整流回路の脈流は、図(d)のように直流分と交流分が重なり合ったものです。したがって、脈流からコイルとコンデンサを組み合わせた回路によって、直流分、交流分のいずれかを取り出すことができます。

答 4

問題 5　図に示す整流回路において、a の電圧が中点 b の電圧より高いとき、整流電流はどのように流れるか。

1. c ⟶ D_2 ⟶ R ⟶ b
2. b ⟶ R ⟶ D_2 ⟶ c
3. a ⟶ D_1 ⟶ D_2 ⟶ c
4. a ⟶ D_1 ⟶ R ⟶ b

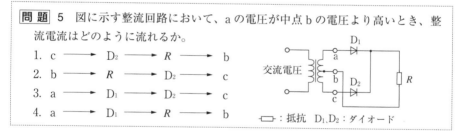

交流電圧　□：抵抗　D_1,D_2：ダイオード

答 4

問題 6　図に示す整流回路において、交流電源電圧 E が最大値 31.4〔V〕の正弦波電圧であるとき、負荷にかかる脈流電圧の平均値として、最も近いものはどれか。ただし、D_1 から D_4 までのダイオードの特性は理想的なものとする。

1. 10.0〔V〕
2. 15.7〔V〕
3. 20.0〔V〕
4. 31.4〔V〕

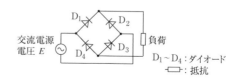

交流電源電圧 E　負荷　$D_1 \sim D_4$：ダイオード　□：抵抗

解説　①　図の整流回路において、ab 端子に交流電圧を加え、a 端子がプラス（＋）、b

端子がマイナス（−）の正の（＋）半周期のときは、脈流（脈動電流）がa→D_1→負荷→D_3→bと図の実線の矢印方向に流れます。次に、a端子がマイナス（−）、b端子がプラス（＋）の負の（−）半周期のときは、脈流がb→D_2→負荷→D_4→aと図の点線の矢印方向に流れます。このように、負荷には交流電圧の正の半周期と負の半周期の全周波で脈流が流れるので、この整流回路は全波整流回路です。

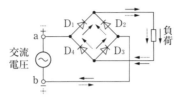

② 問題の全波整流回路の負荷にかかる電圧は、完全な直流ではなく交流分を含んだ問題4の解説の図（c）のような脈流電圧が現れます。この脈流電圧の平均値E_dは、交流電源の正弦波電圧Eの最大値をE_mとすれば、次のように表されます。

$$E_d = \frac{2E_m}{\pi}$$

③ 上式に問題の題意の数値を代入すれば、求める負荷にかかる脈流電圧の平均値E_dは、

$$E_d = \frac{2 \times 31.4}{3.14} = 20$$

答 3

問題 7 図に示す整流回路において、交流電源電圧Eが実効値30〔V〕の正弦波電圧であるとき、負荷にかかる脈流電圧の平均値として、最も近いものを下の番号から選べ。ただし、D_1からD_4までのダイオードの特性は理想的なものとする。

1. 21〔V〕
2. 27〔V〕
3. 30〔V〕
4. 42〔V〕

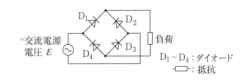

注意 問題6は、交流電源電圧Eが**最大値**31.4〔V〕ですが、この問題は、交流電源電圧Eが**実効値**30〔V〕ですから、最大値に変換しなければなりません。

解説 ① 実効値が30〔V〕の交流電源の最大値はE_mは、
$$E_m = E \times \sqrt{2} = 30 \times \sqrt{2} = 30 \times 1.41 = 42.3〔V〕$$

② 負荷にかかる脈流（脈動電流）電圧の平均値E_dは、

$$E_d = \frac{2E_m}{\pi} = \frac{2 \times 42.3}{3.14} \fallingdotseq 27$$

答 2

問題 8　単相全波整流回路と比べたときの単相半波整流回路の特徴で、誤っているのは次のうちどれか。

1. 変圧器が二次側の直流により磁化される。
2. リプル周波数は同じである。
3. 出力電圧（電流）の直流分が小さい。
4. 脈流の中に含まれる交流分が大きい。

解説 ①　図(a)の半波整流回路において、変圧器（磁心入りの変成器）Tの二次側の図(b)の交流電圧が、a端子がプラス(+)、b端子がマイナス(−)の正(+)の半周期のときは、ダイオードDには順方向電圧が加わるので整流され、図(c)のような脈流（脈動電流）が負荷抵抗Rに流れます。次に、a端子がマイナス(−)、b端子がプラス(+)の負(−)の半周期になると、ダイオードDには逆方向電圧が加わるので、図(c)のようにRには電流はほとんど流れません。また、図(c)の半波整流回路の脈流は、図(d)のような直流分と交流分が重なり合ったものです。

②　半波整流回路は、変圧器（磁心入りの変成器）Tの二次側コイルを交流電圧の正の半周期ごとに同じ方向に脈流がRに流れるので、この電流により変圧器の鉄心（磁心）が磁化（磁石になること）されます。全波整流回路は、二次側コイルに交流電圧の正、負の半周期ごとに方向が反対の脈流がRに流れ、磁束が互いに打ち消されるので鉄心（磁心）は磁化されません。

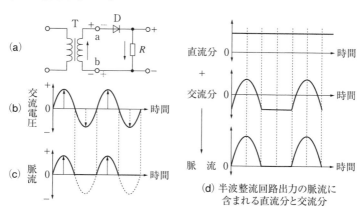

(d) 半波整流回路出力の脈流に含まれる直流分と交流分

③ 半波整流回路の脈流は、図(c)のように交流電圧の正の半周期のときだけ電流が流れ、全波整流回路の脈流は、問題4の解説の図(c)のように交流電圧の正の半周期と負の半周期の全周波で流れます。したがって、出力電圧の直流分は、半波整流回路のほうが全波整流回路より小さく、また、脈流の中に含まれる交流分は、全波整流回路より半波整流回路のほうが大きくなります。

④ 交流を整流する整流回路の出力電流は脈流ですから、図(d)のように、直流分の他に交流分を含んでいます。この交流分(リプル)の周波数をリプル周波数といいます。

⑤ 半波整流回路は、図(b)のような交流電圧を加えて整流すると、出力には図(c)のような脈流が現れます。この脈流の周期は、図(b)の交流電圧の周期と同じですから、リプル周波数は交流電圧の周波数と同じです。

　　全波整流回路は、交流電圧を整流すると、出力には問題4の解説の図(c)のような脈流が現れます。この脈流の周期は、図(b)の交流電圧の周期の $\frac{1}{2}$ ですから、リプル周波数は交流電圧の周波数の2倍になります。

答 2

問題 9　図に示す整流回路において、平滑回路のチョークコイルCH及びコンデンサ C_1、C_2 の働きの組合せで、正しいのは次のうちどれか。

	C_1 及び C_2 の働き	CH の働き
1.	直流を通す	交流を妨げる
2.	交流を妨げる	直流を妨げる
3.	交流を通す	直流を通す
4.	直流を妨げる	交流を通す

交流電圧　D：ダイオード

解説 ① 問題の図の整流回路(問題6の整流回路)は全波整流回路で、出力電圧は問題4の解説の図(d)のように、直流分の他に交流分を含んだ脈流(脈動電流)ですから、直流電源として使用できません。このため、図のようなコンデンサ C_1、C_2 及びチョークコイル(磁心入りコイル)CH を組み合わせた平滑回路を整流回路の出力に接続すると、出力端子には完全な直流電圧が得られます。

② 平滑回路に脈流を加えると、CH は直流を通して交流(50Hzまたは60Hz)を妨げ、また、C_1 及び C_2 は交流を通して直流を妨げる働きをするので、出力側には直流が得られます。

③ 直流を通し交流を(誘導性)リアクタンスにより妨げる目的のコイルをチョークコイルといい、低周波(50Hzまたは60Hz)電流を妨げることを目的としたものを低周波チョークコイルといいます。低周波チョークコイルは、インダクタンスを大きくす

るため、コイルの中に絶縁した鉄板を積み重ねて作った鉄心（磁心）を入れます。図記号のコイルの上の線は鉄心を表します。

答 3

問題 10 次の記述の□□□□内に当てはまる字句の組合せで、正しいのはどれか。

　送受信機の電源に商用電源を用いる場合は、□ A □により所要の電圧にした後、□ B □を経て□ C □でできるだけ完全な直流にする。

	A	B	C
1.	変圧器	整流回路	平滑回路
2.	変調器	整流回路	平滑回路
3.	変圧器	平滑回路	整流回路
4.	変調器	平滑回路	整流回路

解説 送受信機の電源に商用電源、すなわち交流（AC）100V を用いる場合は、図のように変圧器によって、必要とする交流電圧に昇圧または降圧し、整流回路で交流を脈流に変換して、平滑回路でほぼ完全な直流にしています。

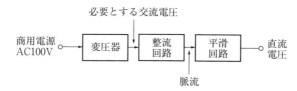

答 1

問題 11 電源の定電圧回路に用いられるダイオードは、次のうちどれか。

1. バラクタダイオード　　　2. ホトダイオード

3. ツェナーダイオード　　　4. 発光ダイオード

解説 ① 電源整流回路の負荷電流が変化しても、出力電圧を常に一定にするために、電源回路の出力と負荷の間に定電圧回路を挿入します。

② 図は、ツェナーダイオード D_z を用いた定電圧回路の一例です。動作の概要は、次のとおりです。

　入力電圧 E_1 がある範囲内で変化しても、ツェナーダイオード D_z を流れる電流が変化するだけで、出力電圧 E_2（ツェナー電圧）

は一定に保たれます。また、負荷に流れる電流が増加(または減少)したときは、D_z を流れる電流が減少(または増加)して負荷に流れる電流は一定になり、E_2 は一定に保たれます。なお、抵抗 R は、D_z に定電圧特性をもたせる(常に D_z に電流が流れるようにする)のに必要な電流を流すための安定(保護)抵抗です。

答 3

問題 12 ツェナーダイオードは、次のうちどの回路に用いられるか。
　1. 定電圧回路　　　　　　　2. 平滑回路
　3. 共振回路　　　　　　　　4. 発振回路

答 1

〔電　池〕

問題 13 容量 20〔Ah〕の蓄電池を 2〔A〕で連続使用すると、通常何時間使用できるか。
　1. 2 時間　　　　　　　　　2. 5 時間
　3. 10 時間　　　　　　　　 4. 20 時間

解説 ① 「蓄電池の容量」は、蓄電池の放電によって取り出すことのできる電気の量です。普通、10 時間率の放電電流で表し、例えば 40〔AH〕の蓄電池は、完全に充電された状態から 4〔A〕の電流を流した場合に 10 時間用いることができます。
② 蓄電池の容量は、放電電流の大きさ〔A〕と放電できる時間〔h〕の積で示され、その単位には、アンペア時〔Ah〕が用いられます。すなわち、
　　　容量〔Ah〕＝電流〔A〕×時間〔時〕
③ したがって、題意の数値を代入すれば、求める時間は、
　　　20 ＝ 2×時間　　　時間 ＝ 10

答 3

問題 14 端子電圧 6〔V〕、容量 60〔Ah〕の蓄電池を 3 個直列に接続したとき、その合成電圧と合成容量の値の組合せで、正しいのは次のうちどれか。
　　　合成電圧　　　合成容量
　1. 6〔V〕　　　　 60〔Ah〕
　2. 18〔V〕　　　　60〔Ah〕

3. 6〔V〕 180〔Ah〕
4. 18〔V〕 180〔Ah〕

解説 ① 図(a)のように、それぞれ電池の極性(＋、－)を交互に接続する方法を直列接続、図(b)のように、同じ極性同士を接続する方法を並列接続といいます。

② 同一容量、同一電圧の蓄電池を直列に接続した場合、合成電圧は、各蓄電池の電圧の和になり、合成容量は増えません。同一容量、同一電圧の蓄電池を並列に接続した場合、合成電圧は一つの蓄電池の電圧と同じですが、合成容量はそれぞれの蓄電池の容量の和になります(使える時間が長くなる)。

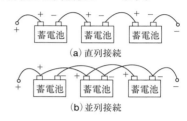

(a) 直列接続

(b) 並列接続

③ 端子電圧6〔V〕、容量60〔Ah〕の蓄電池を3個直列に接続したときの合成電圧は、6〔V〕× 3 ＝ 18〔V〕、合成容量は60〔Ah〕になります。

答 2

問題 15 ニッケルカドミウム蓄電池の特徴について、誤っているのは次のうちどれか。
1. この電池1個の端子電圧は1.2〔V〕である。
2. 繰り返し充・放電することができない。
3. 過放電に対して耐久性が優れている。
4. 比較的大きな電流が取り出せる。

解説 ① 電池は、化学作用を利用して直流電圧を発生するもので、直流の電力を取り出すためのものです。電池には、外部回路に電流を流して放電すると、電圧が低くなって使えなくなってしまう乾電池と、電流の化学作用を利用して、繰り返し充電して元の電圧に戻すことができる蓄電池(鉛蓄電池、ニッケルカドミウム蓄電池、リチウムイオン蓄電池など)とがあります。

② ニッケルカドミウム蓄電池の特徴は、次のとおりです。
(a) 1個当たりの端子電圧は1.2〔V〕である。
(b) 蓄電池なので、繰り返し充電できる。
(c) 過放電及び過充電により損傷を受けにくいので、耐久性が優れている。
(d) 比較的大きな電流が取り出せる(大きな負荷電流を流しても電池端子の電圧降下が少ない)。

③ 過放電は避け、定められた放電終止電圧以上で使用すること、過充電は、充電終了後にさらに充電を続けることで、電池の寿命を短くする原因になります。

答 2

問題 16 次の記述は、ニッケルカドミウム蓄電池と比べたときの、リチウムイオン蓄電池の一般的な特徴について述べたものである。誤っているのはどれか。
1. 小型軽量である。
2. 電池1個の端子電圧は 1.2〔V〕より低い。
3. 自然に少しずつ放電する自己放電量が少ない。
4. メモリー効果がないので、継ぎ足し充電ができる。

解説 リチウムイオン蓄電池の特徴は、次のとおりです。

① 正極（電位が高い電極）にコバルト酸リチウム、負極（電位が低い電極）にグラファイト（炭素）を使い、それぞれの電極を何層かに積み重ねた構造で、小型軽量である。

② 電池1個あたりの端子電圧は 3.7〔V〕で、ニッケルカドミウム蓄電池の 1.2〔V〕に比べて高い。

③ 電池を使わずにいても、自然に少しずつ放電する自己放電量が少ない。

④ ニッケルカドミウム蓄電池は、浅い充放電を繰り返すと蓄電池の容量が減少してしまうメモリー効果を生じますが、リチウムイオン蓄電池はメモリー効果がありません。したがって、使いたいときに使い、充電したいときに充電するという継ぎ足し充電が可能です。

答 2

§7 空中線・給電線

問題 1 次の記述の 内に入れるべき字句の組合せで、正しいのはどれか。

使用する電波の波長がアンテナの A 波長より短いときは、アンテナ回路に直列に B を入れ、アンテナの C 長さを短くしてアンテナを共振させる。

	A	B	C
1.	固有	延長コイル	幾何学的
2.	固有	短縮コンデンサ	電気的
3.	励振	短縮コンデンサ	幾何学的
4.	励振	延長コイル	電気的

解説 ① 電波は光と同じ電磁波で、電界と磁界とが互いに90度の角度を保ちながら伝搬します。電波の伝搬速度は、光の伝搬速度と同じで約 3×10^8 〔m/s〕です。

② 電波の1周期間に相当する波の長さを波長といい、この波形の繰り返し回数（振動数）が周波数です。例えば、周波数が7〔MHz〕の電波は、1秒間に 3×10^8 〔m〕進む間に 7×10^6 回の繰り返しがあることになります。したがって、7〔MHz〕の電波の波長 λ は、次のようになります。

$$\lambda = \frac{3 \times 10^8}{7 \times 10^6} \fallingdotseq 0.43 \times 10^2 = 43 \text{〔m〕}$$

③ 電波の波長を λ〔m〕、周波数を f〔Hz〕、電波の伝搬速度を c〔m/s〕とすれば、これらの間には、次のような関係があります。

$$\lambda = \frac{c}{f} = \frac{3 \times 10^8}{f}$$

周波数 f の単位を〔Hz〕でなく〔MHz〕とすると、上式は次のようになります。

$$\lambda = \frac{300}{f}$$

試験問題では、周波数の単位が〔MHz〕で出題されることが多いので、こちらの式を使用したほうが便利です。

④ アンテナを流れる高周波電流が最大になったとき、"アンテナが共振（同調）した"

といいます。アンテナが共振する波長(周波数)のうち、最も長い波長(最も低い周波数)を、そのアンテナの固有波長(固有周波数)といいます。

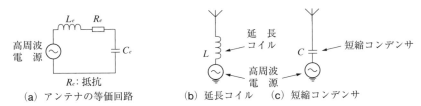

(a) アンテナの等価回路　(b) 延長コイル　(c) 短縮コンデンサ

⑤　アンテナは、固有周波数をもっているので、図(a)のような等価回路で表すことができます。その固有周波数f_0は、次式で表されます。ここで、L_e、C_e、R_eを、それぞれ実効インダクタンス、実効静電容量、実効抵抗といいます。

$$f_0 = \frac{1}{2\pi\sqrt{L_e C_e}}$$

⑥　図(b)のように、垂直アンテナの基部に(延長)コイルLを直列に挿入した場合、アンテナの実効インダクタンスL_eとLが直列に接続されることになるので、アンテナの共振周波数f_Lは、次のようになり、固有周波数f_0より低くなります。

$$f_L = \frac{1}{2\pi\sqrt{(L_e + L) C_e}}$$

したがって、低い周波数(長い波長)に共振することになります。これは**電気的にアンテナを長くした**ことになります。このような目的で**挿入するコイルを延長コイル**といいます。

⑦　図(c)のように、垂直アンテナの基部に(短縮)コンデンサCを直列に挿入した場合、アンテナの実効静電容量C_eとCが直列に接続されることになるので、アンテナの共振周波数f_Cは、次式のようになり、固有周波数より高くなります。

$$f_C = \frac{1}{2\pi\sqrt{\dfrac{C_e C}{C_e + C} L_e}}$$

したがって、高い周波数(短い波長)に共振することになります。これは**電気的にアンテナを短くした**ことになります。このような目的で**挿入するコンデンサを短縮コンデンサ**といいます。

答 2

問題 2　送信用アンテナに延長コイルを必要とするのは、どのようなときか。
1.　使用する電波の波長がアンテナの固有波長より短いとき
2.　使用する電波の波長がアンテナの固有波長に等しいとき

3. 使用する電波の周波数がアンテナの固有周波数より高いとき

4. 使用する電波の周波数がアンテナの固有周波数より低いとき

答 4

問題 3　長さが 8〔m〕の $\dfrac{1}{4}$ 波長垂直接地アンテナを用いて、周波数が 7,050〔kHz〕の電波を放射する場合、この周波数でアンテナを共振させるために一般的に用いられる方法で、正しいのは次のうちどれか。

1. アンテナにコンデンサを直列に接続する。

2. アンテナにコンデンサを並列に接続する。

3. アンテナにコイルを並列に接続する。

4. アンテナにコイルを直列に接続する。

解説　① 　垂直接地アンテナは、図のようにアンテナを大地に垂直に設置し、その一端を接地し他端を開放にして、基部に高周波電源を接続したアンテナです。アンテナは、長さ ℓ が高周波電源の波長（λ）の $\dfrac{\lambda}{4}$ の他に、その奇数倍（$\dfrac{3\lambda}{4}$, $\dfrac{5\lambda}{4}$ …）のときにも共振します。この共振する波長のうち、最も長い波長の固有波長 λ は 4 ℓ になります。

② 　長さ ℓ〔m〕の垂直接地アンテナの固有波長は 4 ℓ〔m〕ですから、長さが 8〔m〕の垂直接地アンテナの固有波長は 4 × 8 = 32〔m〕になります。

③ 　使用する周波数 7,050〔kHz〕の電波の波長〔m〕は、問題 1 の解説③の式から、

$$\lambda = \frac{3 \times 10^8}{f} = \frac{3 \times 10^8}{7050 \times 10^3} \fallingdotseq 0.00043 \times 10^5 = 43〔\text{m}〕$$

④ 　長さが 8〔m〕の垂直接地アンテナの固有波長は 32〔m〕で、使用する周波数 7,050〔kHz〕の電波の波長 43〔m〕より短いので、**アンテナの長さを電気的に長くする必要**があります。したがって、**アンテナに（延長）コイルを直列に接続**します。

答 4

問題 4　3.5〔MHz〕用の半波長ダイポールアンテナの長さの値として、最も近いのは次のうちどれか。

1. 11〔m〕　　　　2. 21〔m〕　　　　3. 43〔m〕　　　　4. 86〔m〕

解説 ① 半波長（$\frac{1}{2}$波長）ダイポールアンテナの構造は、図のように使用波長の$\frac{1}{2}$です。

② 3.5MHz の電波の波長 λ（m）は、問題1の解説③の式から

$$\lambda = \frac{300}{f} = \frac{300}{3.5} \doteqdot 86 \text{〔m〕}$$

となります。

③ 求めるアンテナの長さ ℓ〔m〕は、

$$\ell = \frac{\lambda}{2} = \frac{86}{2} = 43 \text{〔m〕}$$

答 3

問題 5 半波長ダイポールアンテナの放射電力を 8〔W〕にするためのアンテナ電流の値として、最も近いのはどれか。ただし、熱損失となるアンテナ導体の抵抗分は無視するものとする。

1. 0.33〔A〕　　　2. 0.66〔A〕　　　3. 1.32〔A〕　　　4. 2.64〔A〕

解説 ① アンテナに I〔A〕の電流を流したとき、アンテナから P〔W〕の電力が放射された場合、このアンテナには、$R \times I^2$ の電力 P〔W〕が消費されたものと考えられます。このように、アンテナから電波を放射するのに必要と考えられる仮想的な抵抗 R を放射抵抗といいます。また、アンテナから放射される電波の電力 P〔W〕をアンテナの放射電力といいます。

② 半波長ダイポールアンテナの放射抵抗は、約 75〔Ω〕です。

③ アンテナの放射電力 P〔W〕とアンテナ電流 I〔A〕とアンテナの放射抵抗 R〔Ω〕との間には、次のような関係があります。

$$R = \frac{P}{I^2}$$

④ 求めるアンテナ電流 I は、上式に $R = 75$ および題意の数値を代入すれば、

$$I = \sqrt{\frac{P}{R}} = \sqrt{\frac{8}{75}} \doteqdot \sqrt{0.107} \doteqdot 0.33 \text{〔A〕}$$

答 1

問題 6 半波長ダイポールアンテナの特性で、誤っているのは次のうちどれか。

1. 放射抵抗は 50〔Ω〕である。
2. 電圧分布は両端で最大となる。

3. アンテナを大地と垂直に設置すると、水平面内では全方向性（無指向性）となる。

4. アンテナを大地と水平に設置すると、水平面内の指向性は8字形となる。

解説 ① 　半波長（$\frac{1}{2}$波長）ダイポールアンテナが、固有波長で共振したときのアンテナ素子上の電圧分布は、図(a)のように中央で零、両端で最大になります。

② 　半波長ダイポールアンテナを大地と垂直に設置すると、水平面内の指向性は、図(b)のようにアンテナを中心とした円になり、すべての方向に均一に電波が放射される特性で全方向性（無指向性）といいます。

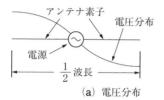

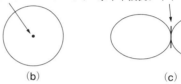

（a）電圧分布	（b）　　　　　　　　（c）

③ 　半波長ダイポールアンテナを大地と水平に設置すると、水平面内の指向性は、図(c)のように、アンテナを中心にして反対の2方向に放射される双方向性（双方性）になり、その形は8字形となります。したがって、アンテナ素子と直角な2方向に最大の電波が放射され、アンテナ素子と同一方向への電波の放射は零になります。

答 1

問題 7　通常、水平面内の指向性が図のようになるアンテナは、次のうちどれか。
ただし、点Pは、アンテナ位置を示す。

1. 水平半波長ダイポールアンテナ
2. 八木アンテナ
3. 垂直半波長ダイポールアンテナ
4. キュビカルクワッドアンテナ

答 3

問題 8　図は、各種のアンテナの水平面内の指向性を示したものである。ブラウンアンテナ（グランドプレーンアンテナ）の特性はどれか。ただし、点Pは、アンテナの位置を示す。

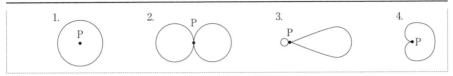

解説 ① ブラウンアンテナ（グランドプレーンアンテナ）は、図のように、同軸給電線の内部導体を $\frac{1}{4}$ 波長だけ垂直に延ばしてアンテナとし、大地の代わりになる長さ $\frac{1}{4}$ 波長の数本の地線（ラジアル）を、同軸給電線の外部導体に放射状に付けたものです。

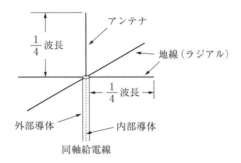

② 同軸給電線は、同心円状に配置された内部導体と外部導体とからなり、両導体間に絶縁物が詰められている伝送線路で、給電線に用いられる同軸ケーブルのことをいいます。内部導体には銅などの単線またはより線を、外部導体には編組線（細い銅線を編んだもの）を用い、内部導体と外部導体の間に絶縁物としてポリエチレンなどが使用されています。このほか内部、外部導体に銅管を用い、空気を絶縁物とした大電力用の同軸線路もあります。

③ ブラウンアンテナの水平面内の指向性は、全方向性（無指向性）です。この場合の指向性は、アンテナを中心とした円になります。

答 1

問題 9 通常、水平面内の指向性が全方向性（無指向性）として使用されるアンテナは、次のうちどれか。
1. パラボラアンテナ
2. 八木アンテナ（八木・宇田アンテナ）
3. 垂直半波長ダイポールアンテナ
4. 水平半波長ダイポールアンテナ

解説 ① パラボラアンテナは、図のように金属板または網で作った放物面の反射器の

焦点に放射器（ダイポールアンテナ）を置いた構造のアンテナで、放射器から放射された電波は、放物面で反射されて前方へ鋭いビーム状に放射されます。

② 八木アンテナについては、問題10の解説参照。

③ 半波長ダイポールアンテナの構造図および水平面内の指向性は、問題6の解説参照。

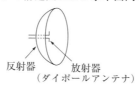
反射器　放射器
（ダイポールアンテナ）

答 3

問題 10　八木アンテナの記述として、誤っているのは次のうちどれか。
1. 指向性アンテナである。
2. 接地アンテナの一種である。
3. 反射器、放射器及び導波器で構成される。
4. 導波器の素子数が多いものは、指向性が鋭い。

解説 ①　**三素子八木アンテナ**は、図(a)のように$\frac{1}{2}$波長の長さの**放射器**と、放射器の前と後に約$\frac{1}{4}$波長の間隔で平行に配置された$\frac{1}{2}$波長よりも少し短い**導波器**、及び少し長い**反射器**により**構成**されています。また、給電線は、放射器につなぎます。

②　大地と水平に設置された八木アンテナの水平面内の指向性は、図(b)のように、反射器と導波器の働きにより放射器から見て、導波器の方向のみに放射する単一指向性になるので、**指向性アンテナ**です。

③　八木アンテナの導波器の素子（エレメント）**数を多くしたり、スタック（積重ね）**にすると、水平面内の指向性は図(b)のようにビーム幅が狭くなって**指向性が鋭く**なります。

④　アンテナの一端を接地するアンテナを接地アンテナ、両端とも接地しないアンテナを非接地アンテナといい、**八木アンテナは非接地アンテナ**の一種です。

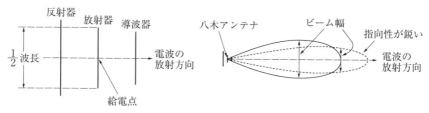

（a）三素子八木アンテナの構成　　　（b）八木アンテナの水平面内の指向性

答 2

問 題 11 図は、水平設置の八木アンテナの水平面内指向性を示したものである。正しいのは次のうちどれか。ただし、D は導波器、P は放射器、R は反射器とする。

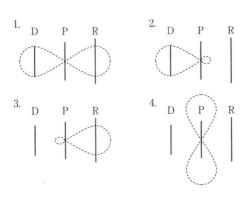

答 2

問 題 12 八木アンテナにおいて、給電線は、次のどの素子につなげばよいか。
1. すべての素子   2. 導波器   3. 放射器   4. 反射器

答 3

問 題 13 給電線として望ましくない特性は、次のうちどれか。
1. 高周波エネルギーを無駄なく伝送する。
2. 特性インピーダンスが均一である。
3. 給電線から電波が放射されない。
4. 給電線で電波が受かる。

解 説 ① 高周波エネルギーを無駄なく伝送する。

　送信機で発生した高周波エネルギーをアンテナへ、またアンテナでとらえた電磁波を受信機に効率よく導くために使う伝送路を給電線（フィーダ）といいます。給電線は、構造上から分類すると、同軸給電線と、平行二線式給電線などがあります。

　同軸給電線は、同心円上に配置された内部導体と外部導体からなり、両導体間に絶縁物（誘電体）が詰められている給電線で、内部導体と外部導体を往復二線として使

用します。平行二線式給電線は、太さの等しい2本の導線を平行にした伝送路の給電線です。

② 特性インピーダンスが均一である。

　無限に長い給電線に高周波電圧を加えると、給電線上の電流と電圧は入力から遠ざかるほど減衰しますが、給電線上のどの点においても電圧と電流の比は一定となるので、この比を特性インピーダンスといいます。

　同軸給電線の特性インピーダンスは、内部導体の外径、外部導体の内径及び両導体間の絶縁物（誘電体）の種類で決まり、また、平行二線式給電線の特性インピーダンスは、導線の直径と導体間の間隔で決まります。

③ 送信アンテナの給電線の場合は、給電線自身からの電波の放射がないこと。

給電線から電波が放射されると、アンテナの指向性に悪影響を与えます。

④ 受信アンテナの給電線の場合は、給電線自身で電波を受けたり、また外部から電気的影響を受けないことが必要です。

答 4

問題 14　同軸給電線に必要な電気的条件で、誤っているのは次のうちどれか。
1. 絶縁耐力が十分であること
2. 誘電損が少ないこと
3. 給電線から放射される電波が強いこと
4. 導体の抵抗損が少ないこと

解説 ① 「絶縁耐力」は、絶縁物がどの程度の電圧に耐えることができるかということで、同軸給電線の絶縁物の絶縁耐力が、給電線に加えられる高周波電圧に十分耐える必要があります。

② 「誘電損」は、誘電体に高周波電圧が加わったとき、誘電体内で失われる電力損失をいいます。また、絶縁物は、電流や電荷の通過を妨げる物質ですが、電界中に置かれたときには静電力を伝える物質となるので、このようなときの**絶縁物を誘電体**といいます。

　同軸給電線の絶縁物（誘電体）に高周波電圧が加わったとき、誘電損による熱を発生します。この発熱のために給電線が燃焼、変形あるいは絶縁低下などの障害を起こすことがあります。

③ 同軸給電線は、外部導体を接地して使用するので、外部導体がシールドの役目をして、給電線から電波が放射されることはありません。

④ 「導体の抵抗損」は、導体の抵抗中で消費される電力損で、抵抗 R〔Ω〕を通る電流

を I 〔A〕とすれば、I^2R 〔W〕の熱を発生し、それだけ損失となります。これを抵抗損といいます。同軸ケーブルの内部導体は、銅などの単線またはより線を用いるので、導体自身がもつ抵抗による損失があります。

答 3

問題 15 次に挙げた、アンテナの給電方法の記述で、正しいのはどれか。
 1. 給電点において、電流分布を最小にする給電方法を電圧給電という。
 2. 給電点において、電圧分布を最小にする給電方法を電圧給電という。
 3. 給電点において、電圧分布を最大にする給電方法を電流給電という。
 4. 給電点において、電流分布を最小にする給電方法を電流給電という。

解説 ① 給電線を動作上から分類すると、同調給電線と非同調給電線に分けられます。同調給電線には平行二線式給電線、非同調給電線には同軸給電線が用いられます。

② 同調給電線は、給電線の長さを使用波長に対して一定の関係をもたせ、アンテナと給電線を含めて同調させるようにした給電線です。

　アンテナの給電点（高周波電力をアンテナへ供給している場所）において、**電流分布を最小**（電圧分布が最大）にする給電方法を**電圧給電**といいます。また、アンテナの給電点において、**電流分布を最大**（電圧部分布を最小）にする給電方法を**電流給電**といいます。

③ 非同調給電線は、給電線の長さは同調給電線のように使用波長に対して特別な関係を必要とせず、高周波電力をできるだけ無駄のないように給電する給電線です。

答 1

§8 電波伝搬

問題 1 次の記述の _____ 内に入れるべき字句の組合せで、正しいのはどれか。

電波が電離層を突き抜けるときの減衰は、周波数が低いほど ___A___ 、反射するときの減衰は、周波数が低いほど ___B___ なる。

	A	B
1.	大きく	大きく
2.	大きく	小さく
3.	小さく	大きく
4.	小さく	小さく

解説 ① 地上から約50km ～ 400kmの上空に自由電子とイオンからできている電離層がいくつかあり、地上からの高さが低い順に、D層、E層、F層といいます。これらの電離層は、電波を減衰（吸収、散乱）、屈折又は反射する性質があります。

② 電離層において電波が突き抜けるときと反射するときに受ける減衰の大小は、次のように電波の周波数によって違います。

（a）突き抜けるとき……周波数が**低いほど減衰が大きい**。

（b）反射するとき……周波数が**低いほど減衰が小さい**。

答 2

問題 2 地表波の説明で正しいのはどれか。

1. 大地の表面に沿って伝わる電波
2. 見通し距離内の空間を直線的に伝わる電波
3. 電離層を突き抜けて伝わる電波
4. 大地に反射して伝わる電波

解説 1 ～ 4 の電波の伝わり方は、図のとおりです。

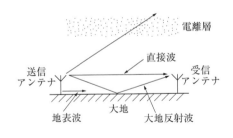

答 1

問題 3　次の記述の□□□内に入れるべき字句の組合せで、正しいのはどれか。

短波(HF)帯の電波伝搬において、地上から上空に向かって垂直に発射された電波は、　A　より　B　と電離層を突き抜けるが、これより　C　と反射して地上に戻ってくる。

	A	B	C
1.	最低使用可能周波数(LUF)	低い	高い
2.	最低使用可能周波数(LUF)	高い	低い
3.	臨界周波数	低い	高い
4.	臨界周波数	高い	低い

解説 ①　2地点間の短波通信において、使用する周波数を次第に低くすると、D層及びE層における(第一種)減衰が大きくなっていき、ついには通信ができなくなります。この限界の周波数を最低使用可能周波数(LUF)といいます。

②　電波を地上から上空に向かって垂直に発射したとき、ある周波数以下の電波は電離層で反射して地上に戻ってきます。このように戻ってくる電波の最高の周波数を電離層の臨界周波数といいます。また、臨界周波数より高い周波数の電波は電離層を突き抜けます。

答 4

問題 4　次の記述は、短波の電離層伝搬について述べたものである。正しいのはどれか。

1. 最低使用可能周波数(LUF)以下の周波数の電波は、電離層の第一種減衰が大きいため、電離層伝搬による通信に使用できない。

2. 最高使用可能周波数(MUF)の50パーセントの周波数を最適使用周波数(FOT)という。

3. 最高使用可能周波数(MUF)は、送受信点間の距離が変わっても一定である。

　4. 最高使用可能周波数(MUF)は、臨界周波数より低い。

解説 ① 　最低使用可能周波数(LUF)は、送受信点間で短波通信を行うために使用可能な周波数のうち最低の周波数をいいます。また、LUF より低い周波数の電波は、電離層の第一種減衰(短波帯の電波がD層またはE層を突き抜けるときの減衰)により通信不能となります。

② 　電離層の臨界周波数は、地上から垂直に電波を発射したとき、電離層で反射されて地上に戻ってくる電波の最高の周波数をいいます。また、地上から斜めに電波を発射したときは、地上に戻ってくる電波の最高の周波数は、臨界周波数よりも高くなります。

③ 　最高使用可能周波数(MUF)は、送受信点間で短波帯の電波を地上から斜めに発射して通信を行うために使用可能な周波数のうち最高の周波数をいい、臨界周波数より高くなります。また、MUF は、送受信点間の距離及び電離層の臨界周波数などにより変化し、臨界周波数が高いほど、送受信点間の距離が長いほど高くなります。

④ 　最適使用可能周波数(FOT)は、最高使用可能周波数(MUF)の 85 パーセントの周波数をいい、通信に最も適当な周波数とされています。

答 1

問題 5　次の記述は、短波(HF)の電離層伝搬について述べたものである。正しいのはどれか。
　1. 最高使用可能周波数(MUF)は、臨界周波数より高い。
　2. 最高使用可能周波数(MUF)の50パーセントの周波数を最適使用周波数(FOT)という。
　3. 最高使用可能周波数(MUF)は、送受信点間の距離が変わっても一定である。
　4. 最低使用可能周波数(LUF)以下の周波数の電波は、電離層の第一種減衰がない。

答 1

問題 6　次の記述の[　　　]内に入れるべき字句の組合せで正しいのはどれか。
　送信所から発射された短波(HF)帯の電波が、[　A　]で反射されて、初めて地上に達する地点と送信所との地上距離を[　B　]という。

	A	B
1.	電離層	跳躍距離
2.	電離層	焦点距離

   3.　大地　　　　　跳躍距離

   4.　大地　　　　　焦点距離

解説 ① 　短波（HF）帯（3〔MHz〕を超え 30〔MHz〕以下の周波数帯）の電波のうち、周波数の低い電波は**電離層で反射**し、周波数の高い電波は**電離層を突き抜けます。**

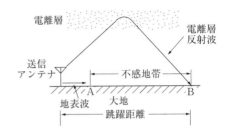

② 　短波（HF）帯の電波は、図のように電離層（F層）で反射されて電離層反射波（電離層波）が初めて地表に達する地点 B と送信アンテナの距離を**跳躍距離**といいます。また、跳躍距離内で地表波は図のように送信アンテナから遠ざかるにしたがって急激に減衰し受信できなくなりますから、電離層反射波（電離層波）が最初に地表に達する地点までの AB 間は、電離層反射波も地表波も受信できない地帯となり、これを**不感地帯**といいます。

答 1

問題 7　次の記述の　　　　　内に入れるべき字句の組合せで、正しいのはどれか。

   送信所から短波 HF 帯の電波を発射したとき、　A　が減衰して受信されなくなった地点から、　B　が最初に地表に戻ってくる地点までを不感地帯という。

       A　　　　　　　　　B

   1.　地表波　　　　　　大地反射波

   2.　地表波　　　　　　電離層反射波

   3.　直接波　　　　　　大地反射波

   4.　直接波　　　　　　電離層反射波

答 2

問題 8　3.5〔MHz〕から 28〔MHz〕までのアマチュアバンドにおいて、遠距離通信に利用する電波は、次のうちどれか。

   1.　電離層波　　　　　　　　　　2.　対流圏波

   3.　大地反射波　　　　　　　　　4.　直接波

解説 ①　地表波は、大地の表面に沿って伝わる電波ですが、減衰が大きいので通信できる距離は、数十 km くらいです。

②　電離層（F 層）で反射する電離層反射波（電離層波）は大地（地表）にもどり、大地で反射して再び F 層で反射し、これを繰り返して遠距離まで伝わります。

③　3.5〔MHz〕～ 28〔MHz〕までのアマチュアバンドにおける短波（HF）帯の通信は、電離層波を主に利用します。

④　超短波（VHF）帯（30〔MHz〕を超え 300〔MHz〕以下の周波数帯）や極超短波（UHF）帯（300〔MHz〕を超え 3,000〔MHz〕以下の周波数帯）の電波の直接波は、対流圏を伝わることがありますが、短波（HF）帯（3〔MHz〕を超え 30〔MHz〕以下の周波数帯）の電波は伝わりません。

答 1

問題 9　次の記述は、短波（HF）帯の電波の電離層伝搬について述べたものである。正しいのはどれか。
1.　昼間は低い周波数では D 層と E 層を突き抜けてしまうから、高い周波数を用いる。
2.　昼間は高い周波数では D 層と E 層に吸収されてしまうから、低い周波数を用いる。
3.　夜間は高い周波数では E 層と F 層を突き抜けてしまうから、低い周波数を用いる。
4.　夜間は低い周波数では E 層と F 層を突き抜けてしまうから、高い周波数を用いる。

解説 ①　昼間は、D 層と E 層の電子密度が大きいため、低い周波数の電波は吸収されて減衰が大きくなるので、高い周波数を用います。

②　夜間は、D 層が消滅し、E 層と F 層の電子密度が小さくなるため、高い周波数の電波は F 層を突き抜けてしまうので、低い周波数を用います。

答 3

問題 10　昼間に 21〔MHz〕帯の電波を使用して通信を行っていたが、夜間になって遠距離の地域との通信が不能となった。そこで周波数帯を切り替えたところ再び通信が可能となった。通信を可能にした周波数帯は、次のうちどれか。
1.　7〔MHz〕帯
2.　28〔MHz〕帯
3.　50〔MHz〕帯
4.　144〔MHz〕帯

答 1

問題 11　図は、短波（HF）帯における、ある 2 地点間の MUF/LUF 曲線の例を

示したものであるが、この区間における 16 時 (JST) の最適使用周波数 (FOT) の値として、最も近いのは次のうちどれか。ただし、MUF は最高使用可能周波数、LUF は最低使用可能周波数を示す。

1. 4〔MHz〕
2. 7〔MHz〕
3. 10〔MHz〕
4. 14〔MHz〕

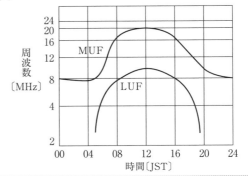

解説 ① 短波 (HF) 帯の電離層波による 2 地点間の MUF と LUF の日変化を示した曲線を MUF/LUF 曲線といいます。この曲線から 1 日のどの時刻に何〔MHz〕の周波数の電波が使用可能であるかを知ることができます。

MUF 曲線より高い周波数の電波は、電離層を突き抜けるので実用にならず、LUF 曲線より低い周波数の電波は電離層での減衰が大きく、通信に必要な最低限の電界強度が得られないので実用になりません。したがって、MUF 曲線と LUF 曲線とで挟まれた範囲の周波数の電波は実用になりますが、その中でも MUF 曲線の約 85 パーセントの値の FOT が通信に最も適当な周波数になります。

② 問題の MUF/LUF 曲線において、16 時における FOT の値は、MUF の値が 16〔MHz〕ですから、16 × 0.85 ≒ 14〔MHz〕になります。

答 4

問題 12 次の記述の ☐☐☐☐☐ 内に入れるべき字句の組合せで、正しいのはどれか。

(1) 電離層における電波の第一種減衰が、時間と共に変化するために生ずるフェージングを、 A 性フェージングという。

(2) 電離層反射波は、地球磁界の影響を受けて、だ円偏波となって地上に到達する。このだ円軸が時間的に変化するために生ずるフェージングを、 B 性フェージングという。

    A   B

1. 吸収   偏波

2. 吸収　　　干渉
3. 干渉　　　跳躍
4. 干渉　　　偏波

解説 ① フェージングは、電波を
受信しているとき、受信音が大き
くなったり、小さくなったり、と
きによってひずんだりする現象を
いいます。

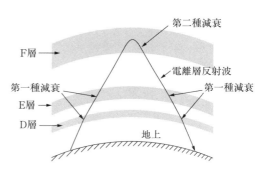

② 図のように短波（HF）帯の電波
がD層及びE層を通過するとき
に受ける減衰を第一種減衰、F層
で反射するときに受ける減衰を第
二種減衰といいます。また、各電離層の自由電子の数、すなわち電子密度は、時間的
に変動するので、電波が受ける第一種、第二種減衰は時間とともに変化します。この
ために生じるフェージングを吸収性フェージングといいます。

③ 電波は、電界と磁界とが互いに90度の角度を保ちながら伝搬し、電波の進行方向
と電界の方向とが作る平面を偏波面といいます。電界が大地に対して垂直な電波を垂
直偏波、平行になっている電波を水平偏波といいます。垂直偏波は、大地に対して垂
直に張った導線の垂直アンテナから、水平偏波は、大地に対して水平に張った水平ア
ンテナから放射されます。したがって、垂直偏波の電波は垂直アンテナ、水平偏波の
電波は水平アンテナでなければうまく受信できません。

　垂直偏波及び水平偏波の電波がF層で反射する場合、F層は地球磁界の影響を受
けているので、偏波面が絶えず変化するだ円偏波になります。

④ 短波（HF）帯の電離層反射波（電離層波）は、だ円偏波となって地上に到達します。
受信アンテナは、普通、水平または垂直導体で構成されているので、だ円偏波のだ円
軸が受信アンテナの素子の方向と一致する場合には誘起電圧は高く、直角の場合は低
くなります。このような状態が時間的に変化するために生じるフェージングを偏波性
フェージングといいます。

答 1

問題 13　次の記述は、スポラジックE層について述べたものである。正しいの
はどれか。

1. 高さは、D層とほぼ同じである。

  2. 冬季の昼間に多く発生する。

  3. 電子密度は、E層より大きい。

  4. マイクロ波(SHF)帯の電波を反射する。

解説 ①　E層と大体同じ高さに突発的に発生する。

② 電子密度は、E層より大きい。

③ わが国では、夜間より昼間に、冬季より夏季に発生することが多い。

④ 超短波(VHF)帯の電波を反射する。

参考 マイクロ波は、極超短波(UHF)帯で 300〔MHz〕を超え 3,000〔MHz〕以下の周波数帯、超短波(VHF)帯は 30〔MHz〕を超え 300〔MHz〕以下の周波数帯です。

答 3

問題 14　次の記述の 　　　　 内に入れるべき字句の組合せで、正しいのはどれか。

(1) D層とは、地上約 　A　 〔km〕付近に昼間発生する電離層のことをいう。

(2) スポラジックE層とは、地上約 　B　 〔km〕付近に突発的に発生する電離層のことをいい、わが国では 　C　 の昼間に多く発生する。

	A	B	C		A	B	C
1.	30 ～ 50	50	春	2.	60 ～ 90	100	夏
3.	150	200	秋	4.	300	400	冬

解説 D層は、地上 60 ～ 90〔km〕付近に昼間発生する電離層です。

答 2

問題 15　次の記述の 　　　　 内に入れるべき字句の組合せで、正しいのはどれか。

電離層のF層は、地上約 　A　 〔km〕付近の高さを中心に存在している。F層にはF₁層とF₂層があり、F₁層はF₂層より高さが 　B　 。

	A	B		A	B
1.	50	低い	2.	100	高い
3.	300	低い	4.	500	高い

解説 F層は、地上 300〔km〕付近(200 ～ 400〔km〕)に発生する電離層で、上下二つの層に分かれることがあります。下側の層を F_1 層、上側の層を F_2 層といいます。

答 3

§9　測定

問題 1　次の記述の 　　　　 内に入れるべき字句の組合せで、正しいのはどれか。

図に示す熱電形電流計の原理図において、a の部分は 　A　 で、b の部分は
　B　 であり、指示計 A に 　C　 形計器が用いられる。

測定端子

	A	B	C
1.	サーミスタ	リッツ線	永久磁石可動コイル
2.	サーミスタ	熱電対	誘導
3.	熱線	リッツ線	誘導
4.	熱線	熱電対	永久磁石可動コイル

指示計

解説 ①　サーミスタは、温度によって抵抗値が大きく変化する特性を利用している半導体素子で、温度の測定や電子回路の温度補償回路などに用いられています。

②　**熱電対**は、ゼーベック効果（2種の金属を接合して閉回路を作り、二つの**接合部に温度差を与える**と、起電力が発生して**電流が流れる現象**）を利用したものです。

③　リッツ線は、細いエナメル線を多数より合わせて1本とし、その上に絶縁被覆をしたもので、表皮効果を少なくして周波数誤差を小さくしています。

④　抵抗をもつ**熱線**に電流が流れるとジュールの法則により熱が発生します。この熱によって**熱電対**の温接点を加熱すると、熱起電力が生じ、それに比例した直流電流が**永久磁石可動コイル**形指示計器に流れます。この指針は熱起電力に比例します。

答 4

問題 2　次の記述の 　　　　 内に入れるべき字句の組合せで、正しいのはどれか。

図に示す熱電形電流計は、直流及び交流の 　A　 を測定でき、図中の a の部分のインピーダンスが極めて 　B　 ため高周波電流の測定にも適する。

測定端子

	A	B
1.	実効値	大きい
2.	実効値	小さい
3.	平均値	小さい

指示計

    4. 平均値　　　　　大きい

解説 ① 指示計の永久磁石可動コイル形電流計の指示値は、実効値で目盛られています。
② 図中のaの部分は熱線で、この長さを短くするとインダクタンスを小さくできます。
　このため、熱線のインピーダンスは低くなるので、周波数の変化による発熱量の誤差
　が少ないので、高周波電流の測定に適しています。

答 2

問題 3　次の記述の　　　　　内に当てはまる字句の組合せで、正しいのはどれか。
　　　分流器は　　A　　の測定範囲を広げるために用いられるもので、計器に
　　　B　　に接続して用いられる。

	A	B			A	B
1.	電流計	並列		2.	電流計	直列
3.	電圧計	並列		4.	電圧計	直列

解説 ① 分流器は電流の測定範囲の拡大、倍率器（直列抵抗器）は電圧の測定範囲を
　拡大する目的で用います。
② 分流器は電流計に並列、倍率器は電圧計に直列に接続します。

答 1

問題 4　最大目盛値 5〔mA〕、内部抵抗 1.8〔Ω〕の直流電流計がある。これを最
　大目盛値 50〔mA〕になるようにするための分流器の価として、正しいのは次の
　うちどれか。
　1. 5〔Ω〕　　　　　　　　　　2. 1〔Ω〕
　3. 0.5〔Ω〕　　　　　　　　　4. 0.2〔Ω〕

解説 ① 内部抵抗 r の電流計の測定範囲を N 倍に拡大するために必要な分流器の抵
　抗 R は、

$$R = \frac{r}{N-1}$$

になります。
② 求める分流器の抵抗 R は、題意の数値を上式に代入すれば、

$$R = \frac{r}{N-1} = \frac{1.8}{\frac{50}{5}-1} = \frac{1.8}{10-1} = \frac{1.8}{9} = 0.2〔Ω〕$$

答 4

問題 5 電流計において、分流器の抵抗 R をメータの内部抵抗 r の 4 分の 1 の値に選ぶと、測定範囲は何倍になるか。

1. 6 倍　　　　　　　　　　　2. 5 倍
3. 4 倍　　　　　　　　　　　4. 3 倍

解説 題意から分流器の抵抗 R を 4 分の 1 にすれば、求める測定範囲の倍率 N は、問題 4 の解説①の式から、

$$\frac{r}{4} = \frac{r}{N-1} \qquad rN - r = 4r \qquad rN = 4r + r$$

$$rN = 5r \qquad N = 5(倍)$$

答 2

問題 6 次の記述の　　　　　内に当てはまる字句の組合せで、正しいのはどれか。

倍率器は　　A　　の測定範囲を広げるために用いられるもので、計器に　　B　　に接続して用いる。

	A	B		A	B
1.	電圧計	並列	2.	電流計	直列
3.	電流計	並列	4.	電圧計	直列

答 4

問題 7 内部抵抗 50〔kΩ〕の電圧計の測定範囲を 20 倍にするには、直列抵抗器（倍率器）の抵抗値を幾らにすればよいか。

1. 2.6〔kΩ〕　　　　　　　　2. 25〔kΩ〕
3. 950〔kΩ〕　　　　　　　　4. 1,000〔kΩ〕

解説 ① 内部抵抗 r の電圧計の測定範囲を N 倍に拡大するために必要な直列抵抗器（倍率器）R は、

$$R = r(N-1)$$

になります。

② 求める倍率器 R は、題意の数値を上式に代入すれば、

$$R = r(N-1) = 50 \times 10^3 (20-1) = 950 \times 10^3 = 950〔kΩ〕$$

答 3

問題 8 図に示すように、破線で囲んだ電圧計 V₀ に、V₀ の内部抵抗 r の2倍の値の直列抵抗器（倍率器）の抵抗 R を接続すると、測定範囲は V₀ の何倍になるか。

1. 2倍
2. 3倍
3. 4倍
4. 5倍

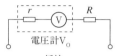

電圧計V₀

━▭━：抵抗

解説 題意から直列抵抗器（倍率器）R を $3r$ にすれば、求める測定範囲の倍率 N は、問題7の解説①の式から、

$$2r = r(N-1) \qquad N-1 = 2 \qquad N = 3（倍）$$

答 2

問題 9 図は、デジタル電圧計の原理的な構成例を示したものである。□□□ 内に入れるべき字句の組合せで、正しいのはどれか。

	A	B
1.	A-D 変換器	計数回路
2.	A-D 変換器	検波回路
3.	直流増幅器	計数回路
4.	直流増幅器	検波回路

測定端子 → [A] → [B] → [表示回路]

解説 ① デジタル電圧計は、測定した電圧の値を直接数字で表すようにした電圧計で、その構成は図に示すようになっています。

測定端子 → A-D変換器 → 計数回路 → 表示回路

② 被測定電圧がアナログ量である電圧を、まず A-D 変換器によってアナログ量をデジタル量に変換し、次の計数回路に加えて一定時間内のパルスの数を測定します。その結果を表示回路で10進数の数値として表示させます。

答 1

問題 10 ディップメータの用途で、正しいのは次のうちどれか。

1. アンテナの SWR の測定
2. 高周波電圧の測定
3. 送信機の占有周波数帯幅の測定

4. 同調回路の共振周波数の測定

解説 ① 図は、ディップメータの基本的な構成で、同調回路の共振周波数などを測定する測定器です。

可変コンデンサ

発振コイル

L C 発振器

直流電流計 Ⓐ

② 測定しようとする同調回路にディップメータの発振コイルを疎に結合します。次に、LC 発振器の可変コンデンサを調整して、発振周波数を同調回路の共振周波数に一致させると、LC 発振の出力が吸収されて低下し、直流電流計の指示が振れます（ディップする）。このときの可変コンデンサのダイヤル目盛りから、同調回路の共振周波数を直読できます。

答 4

問題 11 オシロスコープで図に示すような波形を観測した。この波形の繰返し周波数の値として、正しいのは次のうちどれか。ただし、横軸（掃引時間）は、1目盛り当たり 1〔ms〕とする。

1. 2.0〔kHz〕
2. 1.5〔kHz〕
3. 1.0〔kHz〕
4. 0.5〔kHz〕

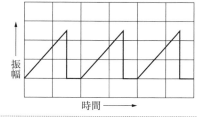

振幅

時間

解説 ① （ブラウン管）オシロスコープで信号波形を観測するには、垂直軸に信号電圧を加え、水平軸にのこぎり波電圧を加えると、観測波形がブラウン管面上に現れます。この観測波形の横軸（時間軸）は掃引時間、縦軸が観測波の振幅を表します。

② 図のパルス波形において、一つのパルスとそれに続くパルスとの間の時間間隔を繰返し周期といいます。また、パルスの毎秒の繰返し周期の回数を繰返し周波数といい、繰返し周期を T〔秒〕とすれば、繰返し周波数 f〔Hz〕は、次のように表されます。

$$f = \frac{1}{T}$$

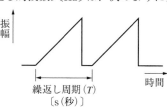

振幅

時間

繰返し周期（T）〔s（秒）〕

③　問題の観測した波形の横軸の掃引時間〔s〕は、1目盛り当たり1〔ms〕ですから、繰返し周期 T〔s〕は、

T ＝掃引時間〔s〕×繰返し周期の目盛り

$\quad = 1 \times 10^{-3}$〔s〕$\times 2 = 2 \times 10^{-3}$〔s〕

したがって、観測した波形の繰返し周波数 f は、

$$f = \frac{1}{T} = \frac{1}{2 \times 10^{-3}} = 0.5 \times 10^3 \text{〔Hz〕} = 0.5 \text{〔kHz〕}$$

答 4

問題 12　定在波比測定器(SWR メータ)を使用して、アンテナと同軸給電線の整合状態を正確に調べるとき、同軸給電線のどの部分に挿入したらよいか。
1. 同軸給電線の中央の部分
2. 同軸給電線の任意の部分
3. 同軸給電線のアンテナの給電点に近い部分
4. 同軸給電線の送信機の出力端子に近い部分

解説 ①　送信機の出力端子からアンテナ系の給電線に送り込まれた高周波電力を、アンテナの給電点に効率良く供給するためには、給電線の特性インピーダンスと給電点(アンテナの入力)インピーダンスを等しくする必要があります。

②　給電線の特性インピーダンス Z_o とアンテナの給電点インピーダンス Z_i が等しいときは、給電点に加えた高周波電圧はその途中の減衰を除いてすべてアンテナに供給されます。この場合、給電線上の電圧と電流の振幅はどの場所でも等しく、アンテナに向かって流れます。このような波動を進行波といいます。

③　Z_o と Z_i が等しくないときには、給電線に加えた電圧または電流の進行波の一部がアンテナの給電点で反射され、給電線上には進行波と反射波が合成されて、電圧または電流の波が正弦波状に分布し、その大きさは変化しますが、少しも移動しない波となります。このような波を定在波といいます。

　この定在波の最小電圧に対する最大電圧の比を電圧定在波比(VSWR または SWR、Standing-Wave Ratio)といいます。また、電圧定在波比を測定する計器を定在波比測定器(SWR メータ)といいます。

④　給電線の特性インピーダンス Z_o とアンテナの給電点インピーダンス Z_i を等しくすることを"整合(マッチング)をとる"といい、整合がとれているかどうかは、図のように同軸給電線の途中に SWR メータを挿入して、その値からアンテナと給電線との整合状態を知ることができます。整合がとれて反射波がなく、進行波だけの場合には、

SWRの値は1になり、この値が大きくなることは、反射波が多くなることを示しています。

⑤ アンテナの給電点とSWRメータまでの距離が長いと、給電点で反射された反射波がSWRメータに到達するまでに減衰し、実際の値より小さくなり、SWR値が実際の値より小さくなります。したがって、**SWRメータは同軸給電線のアンテナの給電点に近い部分に挿入**します。

答 3

問題 13 測定器を利用して行う操作のうち、定在波比測定器(SWRメータ)が使用されるのは、次のうちどれか。
1. 共振回路の共振周波数を測定するとき
2. アンテナと給電線との整合状態を調べるとき
3. 送信周波数を測定するとき
4. 寄生発射の有無を調べるとき

答 2

問題 14 アンテナへ供給される電力を通過形電力計で測定したら、進行波電力が25〔W〕、反射波電力が5〔W〕であった。アンテナへ供給された電力は幾らか。
1. 15〔W〕   2. 20〔W〕
3. 25〔W〕   4. 30〔W〕

解説 ① 「通過形電力計」は、送信機の出力端子とアンテナの間の給電線に挿入して、進行波電力と反射電力を測定する計器です。

② 問題12の解説の図のSWRメータの代わりに通過形電力計を挿入して、進行波電力が P_f〔W〕、反射波電力が P_r〔W〕であれば、電力計のある部分からアンテナに供給される(アンテナ)電力 P は、

$$P = P_f - P_r = 25 - 5 = 20$$

になります。

答 2

問題 15 周波数カウンタの測定原理として、正しいのは次のうちどれか。

1. コイルと可変コンデンサで構成された同調回路を被測定信号の周波数に共振させたとき、可変コンデンサの目盛りから周波数を読み取る。

2. 基準周波数により一定の時間を区切り、その時間中に含まれる被測定信号のサイクル数を数えて周波数を求める。

3. 水晶発振器によって、周波数を正確に校正した補間発振器の高調波と、被測定周波数とのゼロビートを取り、このときの補間発振器の周波数から求める。

4. 同軸管の共振を利用したもので、共振波長と短絡板の位置をあらかじめ校正しておくことにより、短絡板の位置から波長を読み取り周波数を求める。

解説 周波数カウンタ（計数式周波数計）は、一定時間内に被測定信号のサイクル（周波）数を数えるもので、周波数が直読できます。

注意

① 1は、吸収形周波数計の原理です。

② 3は、ヘテロダイン周波数計の原理です。

③ 4は、極超短波（UHF）帯の電波の周波数を測定できる同軸周波数計の原理です。

答 2

第３級アマチュア無線技士

［Ⅱ］法　規　編

§1 電波法の目的及び用語の定義

問題 1 次の記述は、電波法の目的について、同法の規定に沿って述べたもので
ある。□□□□内に入れるべき字句を下の番号から選べ。

この法律は、電波の□□□□を確保することによって、公共の福祉を増進す
ることを目的とする。

1. 公平な利用   2. 能率的な利用

3. 有効な利用   4. 公平かつ能率的な利用

解説 この法律は、電波の**公平且つ能率的な利用**を確保することによって、公共の福祉
を増進することを目的とする。(法1条)

答 4

問題 2 次の記述は、電波法の目的について、同法の規定に沿って述べたもので
ある。□□□□内に入れるべき字句を下の番号から選べ。

この法律は、電波の公平かつ□□□□な利用を確保することによって、公共
の福祉を増進することを目的とする。

1. 合理的   2. 経済的   3. 積極的   4. 能率的

答 4

問題 3 電波法に規定する「無線局」の定義は、次のどれか。

1. 無線設備及び無線設備の操作を行う者の総体をいう。ただし、受信のみを目
的とするものを含まない。

2. 送信装置及び受信装置の総体をいう。

3. 送受信装置及び空中線系の総体をいう。

4. 無線通信を行うためのすべての設備をいう。

解説 「無線局」とは、無線設備及び**無線設備の操作を行う者**の総体をいう。ただし、
受信のみを目的とするものを含まない。(法2条5号)

参考 「無線局」は電波を送ったり受けたりするための電気的設備と、その設備の操作を行う人によって構成されますから、局舎や設備が完備されているだけでは無線局ではありません。なお、ラジオやテレビ放送の受信だけを目的とするものなど、送信設備をもたないものは無線局ではありません。

答 1

問題 4　次の記述は、電波法施行規則に規定する「アマチュア業務」の定義である。　　　　内に入れるべき字句を下の番号から選べ。

金銭上の利益のためでなく、もっぱら個人的な　　　　の興味によって行う自己訓練、通信及び技術的研究の業務をいう。

1. 無線技術　　　　2. 通信技術　　　　3. 電波科学　　　　4. 無線通信

解説 「アマチュア業務」とは、金銭上の利益のためでなく、もっぱら個人的な**無線技術**の興味によって行う自己訓練、通信及び技術的研究の業務をいう。（施行3条1項15号）

答 1

問題 5　次の記述は、電波法施行規則に規定する「送信設備」の定義であるが、　　　　内に入れるべき字句を下の番号から選べ。

送信設備とは、送信装置と　　　　とから成る電波を送る設備をいう。

1. これに付加する装置　　　　　　2. 給電線
3. 送信空中線系　　　　　　　　　4. 空中線

解説 「送信設備」とは、送信装置と**送信空中線系**とから成る電波を送る設備をいう。（施行2条1項35号）

答 3

問題 6　次の記述は、電波法施行規則に規定する「送信装置」の定義であるが、　　　　内に入れるべき字句を下の番号から選べ。

送信装置とは、無線通信の送信のための高周波エネルギーを発生する装置及び　　　　をいう。

1. これに付加する装置　　　　　　2. その保護装置
3. 空間へふく射する装置　　　　　4. 送信空中線系

解説 「送信装置」とは、無線通信の送信のための**高周波エネルギーを発生する装置及**

びこれに付加する装置をいう。（施行2条1項36号）

答 1

問題 7　次の記述は、電波法施行規則に規定する「送信空中線系」の定義であるが、□□□□内に入れるべき字句を下の番号から選べ。

　　送信空中線系とは、送信装置の発生する□□□□を空間へふく射する装置をいう。

1. 電磁波　　　2. 高周波エネルギー　　　3. 寄生発射　　　4. 変調周波数

解説　「送信空中線系」とは、送信装置の発生する**高周波エネルギー**を空間へ輻射する装置をいう。（施行2条1項37号）

答 2

§2 無線局の免許

〔免許状の記載事項〕

問題 1 電波法の規定によりアマチュア局の免許状に記載される事項はどれか。次のうちから選べ。
1. 工事落成の期限
2. 通信方式
3. 免許人の住所
4. 空中線の型式

解説 ① 総務大臣は、(無線局の)免許を与えたときは、免許状を交付する。(法14条1項)
② 免許状には、次に掲げる事項を記載しなければならない。(法14条2項)
(1) 免許の年月日及び免許の番号
(2) **免許人**(無線局の免許を受けた者をいう。)の氏名又は名称及び**住所**
(3) 無線局の種別
(4) **無線局の目的**
(5) **通信の相手方及び通信事項**
(6) **無線設備の設置場所**
(7) **免許の有効期間**
(8) 識別信号(アマチュア局の場合は、**呼出符号**)
(9) 電波の型式及び周波数
(10) 空中線電力
(11) 運用許容時間

答 3

問題 2 無線局の免許状に記載される事項でないものは、次のどれか。
1. 無線局の目的
2. 免許人の住所
3. 免許の有効期間
4. 無線従事者の資格

答 4

問題　3　無線局の免許状に記載される事項でないものは、次のどれか。
1. 電波の型式及び周波数　　　2. 運用許容時間
3. 発振の方式　　　　　　　　4. 空中線電力

答 3

問題　4　無線局の免許状に記載される事項でないものは、次のどれか。
1. 免許人の住所　　　　　　　2. 通信相手方及び通信事項
3. 無線局の種別　　　　　　　4. 空中線の型式

答 4

〔アマチュア局の免許の有効期間〕

問題　5　日本の国籍を有する人が開設するアマチュア局の免許の有効期間は、次のどれか。
1. 無期限　　　　　　　　　　2. 無線設備が使用できなくなるまで
3. 免許の日から起算して 5 年　4. 免許の日から起算して 10 年

解説　アマチュア局の免許の有効期間は、**免許の日から起算して 5 年**とする。（法 13 条、施行 7 条）

答 3

〔免許内容の変更〕

問題　6　次の記述は、無線局の通信の相手方の変更等に関する電波法の規定である。□□□内に入れるべき字句を下の番号から選べ。
　免許人は、通信の相手方、通信事項若しくは無線設備の設置場所を変更し、又は無線設備の変更の工事をしようとするときは、あらかじめ総務大臣の□□□を受けなければならない。
1. 再免許　　2. 許　可　　3. 審　査　　4. 指　示

解説　①　免許人は、通信の相手方、**通信事項**若しくは**無線設備の設置場所**を変更し、又は**無線設備の変更の工事**をしようとするときは、**あらかじめ**総務大臣の**許可**を受け

なければならない。(法17条1項)

② 但し、総務省令で定める軽微な**無線設備の変更の工事**をしたときは、遅滞なくその旨を総務大臣に**届け出**なければならない。(法17条3項)

答 2

問題 7　次の記述は、無線局の無線設備の設置場所の変更等について述べたものである。□□□□内に入れるべき字句を下の番号から選べ。

　免許人は、無線設備の設置場所を変更し、又は無線設備の変更の工事をしようとするときは、あらかじめ総務大臣の□□□□を受けなければならない。

1.　再免許　　　2.　許可　　　3.　審査　　　4.　指示

答 2

問題 8　免許人が無線設備の設置場所を変更しようとするときは、どうしなければならないか、正しいものを次のうちから選べ。

1.　あらかじめ総務大臣に申請し、その許可を受けなければならない。
2.　あらかじめ総務大臣に届け出て、その指示を受けなければならない。
3.　あらかじめ免許状の訂正を受けた後、無線設備の設置場所を変更しなければならない。
4.　無線設備の設置場所を変更した後、総務大臣に届け出なければならない。

答 1

問題 9　アマチュア局の免許人が、総務省令で定める場合を除き、あらかじめ総合通信局長(沖縄総合通信事務所長を含む。)の許可を受けなければならない場合は、次のどれか。

1.　無線局を廃止しようとするとき。
2.　免許状の訂正を受けようとするとき。
3.　無線局の運用を休止しようとするとき。
4.　無線設備の変更の工事をしようとするとき。

答 4

問題 10　免許人は、無線設備の変更の工事(総務省令で定める軽微な事項を除

く。）をしようとするときは、どうしなければならないか、正しいものを次のうちから選べ。
1. 適宜工事を行い、工事完了後その旨を総務大臣に届け出なければならない。
2. あらかじめ総務大臣にその旨を届け出なければならない。
3. あらかじめ総務大臣の指示を受けなければならない。
4. あらかじめ総務大臣の許可を受けなければならない。

答 4

問題 11　免許人が無線設備の変更の工事（総務省令で定める軽微な事項を除く。）をしようとするときの手続は、次のどれか。
1. 直ちにその旨を総務大臣に報告する。
2. 直ちにその旨を総務大臣に届け出る。
3. あらかじめ総務大臣の許可を受ける。
4. あらかじめ総務大臣の指示を受ける。

答 3

問題 12　アマチュア局の免許人が、あらかじめ総合通信局長（沖縄総合通信事務所長を含む）の許可を受けなければならない場合は、次のどれか。
1. 免許状の訂正を受けようとするとき。
2. 無線局の運用を休止しようとするとき。
3. 無線設備の設置場所を変更しようとするとき。
4. 無線局を廃止しようとするとき。

解説 ①　免許人は、免許状に記載した事項に変更を生じたときは、その免許状を総務大臣に提出し、訂正を受けなければならない。（法21条）
②　「無線局の運用を休止しようとするとき」は、原則として届け出なければならない（法16条2項）。しかし、アマチュア局は運用開始の届け出を必要としないので（施行10条の2）、運用休止届も必要ありません。
③　免許人は、**無線設備の設置場所を変更しようとするときは、あらかじめ総務大臣の許可を受けなければならない。**（法17条1項）
④　免許人は、その無線局を廃止するときは、その旨を総務大臣に届け出なければならない。（法22条）

問題 **13** 免許人が周波数の指定の変更を受けようとするときは、どうしなければならないか、正しいものを次のうちから選べ。

1. あらかじめ免許状の訂正を受ける。
2. その旨を申請する。
3. その旨を届け出る。
4. あらかじめ指示を受ける。

解説 ① 総務大臣は、免許人が識別信号、電波の型式、**周波数**、空中線電力又は運用許容時間の**指定の変更を申請した場合**において、混信の除去その他特に必要があると認めるときは、**その指定を変更することができる**。（法19条）

② 「識別信号」は、呼出符号（識別信号を含む。）、呼出名称その他総務省令で定める識別信号をいう。（法8条1項3号）

答 2

問題 **14** 次の記述は、無線局の指定事項の変更について、電波法の規定に沿って述べたものである。□□□□内に入れるべき字句を下の番号から選べ。

総務大臣は、免許人が識別信号、電波の型式、□□□□□、空中線電力又は運用許容時間の指定の変更を申請した場合において、混信の除去その他特に必要があると認めるときは、その指定を変更することができる。

1. 通信方式　　　2. 無線設備　　　3. 変調方式　　　4. 周波数

答 4

〔再免許の手続〕

問題 **15** アマチュア局（人工衛星に開設するアマチュア局及び人工衛星に開設するアマチュア局の無線設備を遠隔操作するアマチュア局を除く。）の再免許の申請は、いつ行わなければならないか、正しいものを次のうちから選べ。

1. 免許の有効期間満了前2箇月以上1年を超えない期間
2. 免許の有効期間満了前1箇月以上1年を超えない期間
3. 免許の有効期間満了前2箇月まで
4. 免許の有効期間満了前1箇月まで

解　説 再免許の申請は、アマチュア局（人工衛星等のアマチュア局を除く。）にあっては、**免許の有効期間満了前 1 箇月以上 1 年を超えない期間**において行わなければならない。（免則 17 条 1 項）

答 2

問　題 16　総務大臣又は総合通信局長（沖縄総合通信事務所長を含む。）が無線局の再免許の申請を行った者に対して、免許を与えるときに指定する事項はどれか。次のうちから選べ。
1.　通信の相手方　　　　　　　　　　　2.　無線設備の設置場所
3.　空中線の型式及び構成　　　　　　　4.　電波の型式及び周波数

解　説 総務大臣又は総合通信局長（沖縄総合通信事務所長を含む。）は、再免許の申請を審査した結果、電波法に適合していると認めるときは、申請者に対し、次に掲げる事項を指定して、無線局の免許を与える。（免則 19 条）
(1)　**電波の型式及び周波数**　　　　　(2)　**識別信号**（問題 17 の解説②参照）
(3)　**空中線電力**　　　　　　　　　　(4)　**運用許容時間**

答 4

問　題 17　総務大臣又は総合通信局長（沖縄総合通信事務所長を含む。）が無線局の再免許の申請を行った者に対して、免許を与えるときに指定する事項はどれか。次のうちから選べ。
1.　空中線電力　　　　　　　　　　　　2.　発振及び変調の方式
3.　無線設備の設置場所　　　　　　　　4.　空中線の型式及び構成

答 1

問　題 18　総務大臣又は総合通信局長（沖縄総合通信事務所長を含む。）が無線局の再免許の申請を行った者に対して、免許を与えるときに、指定をする事項でないものはどれか。次のうちから選べ。
1.　運用許容時間　　　　　　　　　　　2.　電波の型式及び周波数
3.　空中線電力　　　　　　　　　　　　4.　無線設備の設置場所

答 4

〔電波の発射の防止〕

問題 19 次の記述は、電波法の規定である。[_____]内に入れるべき字句を下の番号から選べ。

無線局の免許等がその効力を失ったときは、免許人等であった者は、[_____]空中線を撤去その他の総務省令で定める電波の発射を防止するために必要な措置を講じなければならない。

1. 遅滞なく
2. 適当な時期に
3. 10日以内に
4. 1か月以内に

解説 無線局の**免許等**がその**効力を失った**ときは、免許人等であった者は、**遅滞なく空中線の撤去**その他の総務省令で定める電波の発射を防止するために必要な措置を講じなければならない。(法78条)

参考 免許人が無線局を廃止したときは、その旨を総合通信局長に届け出、免許は、その効力を失う。(法23条)

答 1

問題 20 無線局の免許がその効力を失ったとき、免許人であった者が遅滞なくとらなければならない措置は、次のどれか。

1. 空中線を撤去する。
2. 無線設備を撤去する。
3. 送信装置を撤去する。
4. 受信装置を撤去する。

答 1

§3　無線設備

〔電波の質〕

問題 1　次の記述は、送信設備に使用する電波の質について述べたものである。電波法の規定に照らし、□□□□□内に入れるべき字句を下の番号から選べ。

　送信設備に使用する電波の□□□□□及び幅，高調波の強度等電波の質は、総務省令で定めるところに適合するものでなければならない。
1.　総合周波数特性　　　2.　周波数の偏差　　　3.　変調度　　　4.　型式

解説 送信設備に使用する電波の**周波数の偏差及び幅、高調波の強度**等電波の質は、総務省令で定めるところに適合するものでなければならない。（法28条）

答 2

問題 2　次の記述は、送信設備に使用する電波の質について述べたものである。電波法の規定に照らし、□□□□□内に入れるべき字句を下の番号から選べ。

　送信設備に使用する電波の□□□□□等電波の質は、総務省令で定めるところに適合するものでなければならない。
1.　周波数の偏差及び安定度
2.　周波数の偏差、空中線電力の偏差
3.　周波数の偏差及び幅、空中線電力の偏差
4.　周波数の偏差及び幅、高調波の強度

答 4

問題 3　次の記述は、送信設備に使用する電波の質について述べたものである。電波法の規定に照らし、□□□□□内に入れるべき字句を下の番号から選べ。

　送信設備に使用する電波の周波数の偏差及び幅、□□□□□等電波の質は、総務省令で定めるところに適合するものでなければならない。
1.　電波の型式　　　　　　　　　2.　信号対雑音比

    3. 高調波の強度   4. 変調度

答 3

問題 4 電波の質を表すものとして、電波法に規定されているものは、次のどれ
か。
    1. 空中線電力の偏差   2. 高調波の強度
    3. 信号対雑音比   4. 変調度

答 2

〔電波の型式の表示〕

問題 5 単一チャネルのアナログ信号で振幅変調した抑圧搬送波による単側波帯
の電話（音響の放送を含む。）の電波の型式を表す記号は、次のどれか。
    1. A1A   2. J3E   3. F2A   4. F3E

解説 ① 電波の主搬送波の変調の型式、主搬送波を変調する信号の性質及び伝送の情
報の型式は、表1（抜すい）に掲げるように分類し、それぞれ同表に掲げる記号をもっ
て表示する。（施行4条の2第1項）
② 電波の型式は、①に規定する主搬送波の変調の型式、主搬送波を変調する信号の性
質及び伝送情報の型式を①に規定する記号をもって、かつ、その順序に従って表記す
る。（施行4条の2第2項）

表1 電波の型式の表示

例‥‥J 3 E

主搬送波の変調の型式（抜粋）		
分　　類		記号
振幅変調	両側波帯	A
	単側波帯 全搬送波	H
	低減搬送波	R
	抑圧搬送波	J
角度変調	周波数変調	F

主搬送波を変調する信号の性質（抜粋）	
分　　類	記号
変調のための副搬送波を使用しないデジタル信号の単一チャネル	1
変調のための副搬送波を使用するデジタル信号の単一チャネル	2
アナログ信号の単一チャネル	3

伝送情報の型式（抜粋）	
分　　類	記号
電信（聴覚受信）	A
電信（自動受信）	B
電話	E

答 2

問題 6 デジタル信号の単一チャネルのものであって変調のための副搬送波を使用しない振幅変調の両側波帯の聴覚受信を目的とする電信の電波の型式を表示する記号は、次のどれか。

1. A1A   2. J3E   3. F2A   4. F3E

答 1

問題 7 電波の型式を表示する記号で、電波の主搬送波の変調の型式が振幅変調で両側波帯のもの、主搬送波を変調する信号の性質がデジタル信号である単一チャネルのものであって変調のための副搬送波を使用しないもの及び伝送情報の型式が電信であって聴覚受信を目的とするものは、次のどれか。

1. F2A   2. J3E   3. A1A   4. F3E

答 3

〔空中線電力の表示〕

問題 8 電波の型式 A1A の電波を使用する送信設備の空中線電力は、総務大臣が別に定めるものを除き、どの電力をもって表示することになっているか、正しいものを次のうちから選べ。

1. 平均電力   2. 規格電力   3. 尖頭電力   4. 搬送波電力

解説 ① 「空中線電力」とは、尖頭電力、平均電力、搬送波電力又は規格電力をいう。（施行2条1項68号）

② 空中線電力は、**表2**の上欄の電波の型式の電波を使用する送信設備については、それぞれの下欄の空中線電力で表示する。（施行4条の4第1項）

表2 空中線電力の表示（抜すい）

電波の型式	A1A	A3E	J3E	F3E
空中線電力	尖頭電力	平均電力	尖頭電力	平均電力

参考 ① 「尖頭電力」とは、通常の動作状態において、変調包絡線の最高尖頭における無線周波数1サイクルの間に送信機から空中線系の給電線に供給される平均の電力

をいう。(施行 2 条 1 項 69 号)

② 「平均電力」とは、通常の動作中の送信機から空中線系の給電線に供給される電力であって、変調において用いられる最低周波数の周期に比較してじゅうぶん長い時間(通常、平均の電力が最大である約十分の一秒間)にわたって平均されたものをいう。(施行 2 条 1 項 70 号)

③ 「搬送波電力」とは、変調のない状態における無線周波数 1 サイクルの間に送信機から空中線系の給電線に供給される平均の電力をいう。ただし、この定義は、パルス変調の発射には適用しない。(施行 2 条 1 項 71 号)

④ 「規格電力」とは、終段真空管の使用状態における出力規格の値をいう。(施行 2 条 1 項 72 号)

答 3

問題 9　電波の型式 J3E の電波を使用する送信設備の空中線電力は、総務大臣が別に定めるものを除き、どの電力をもって表示することになっているか、正しいものを次のうちから選べ。
1. 尖頭電力　　2. 平均電力　　3. 規格電力　　4. 搬送波電力

答 1

問題 10　電波の型式 F3E の電波を使用する送信設備の空中線電力は、総務大臣が別に定めるものを除き、どの電力をもって表示することになっているか、正しいものを次のうちから選べ。
1. 実効輻射電力　　2. 搬送波電力　　3. 尖頭電力　　4. 平均電力

答 4

〔送信装置の周波数の安定のための条件〕

問題 11　次の記述は、周波数の安定のための条件に関する無線設備規則の規定である。□□□□内に入れるべき字句を下の番号から選べ。
　　周波数をその許容偏差内に維持するため、□□□□は、できる限り外囲の温度若しくは湿度の変化によって影響を受けないものでなければならない。
1. 整流回路　　　　　　　　2. 増幅回路
3. 発振回路の方式　　　　　4. 変調回路の方式

解 説 周波数をその許容偏差内に維持するため、**発振回路の方式**は、できる限り**外囲の温度若しくは湿度の変化**によって影響を受けないものでなければならない。(設備15条2項)

答 3

〔送信装置の通信速度〕

問題 12　アマチュア局の手送電鍵操作による送信装置は、どのような通信速度でできる限り安定に動作するものでなければならないか、正しいものを次のうちから選べ。
1. 通常使用する通信速度
2. その最高運用通信速度より10パーセント速い通信速度
3. 25ボーの通信速度
4. 50ボーの通信速度

解 説 アマチュア局の送信装置は、通常使用する通信速度でできる限り安定に動作するものでなければならない。(設備17条3項)

答 1

〔送信装置の秘話装置の禁止〕

問題 13　アマチュア局の送信装置の条件として無線設備規則に規定されているものは、次のどれか。
1. 空中線電力を低下させる機能を有してはならない。
2. 通信に秘匿性を与える機能を有してはならない。
3. 通信方式に変更を生じさせるものであってはならない。
4. 変調特性に支障を与えるものであってはならない。

解 説 ①　アマチュア局の送信装置は、通信に**秘匿性を与える機能を有してはならない**。(設備18条2項)
②　「秘匿」は、隠しておくことをいい、具体的には秘話装置などの機能です。

答 2

〔周波数測定装置の備付け〕

問題 14　次の記述は、周波数測定装置の備付けを要しない無線設備に関する電波法施行規則の規定である。□□□□□内に入れるべき字句を下の番号から選べ。
　アマチュア局の送信設備であって、当該設備から発射される電波の特性周波数を□□□□□パーセント以内の誤差で測定することにより、その電波の占有する周波数帯幅が、当該無線局が動作することを許される周波数帯内にあることを確認することができる装置を備え付けているもの

1.　0.1　　　　　　2.　0.01　　　　　　3.　0.05　　　　　　4.　0.025

解説　次の送信設備は、電波法に定める周波数測定装置の備え付けを要しない。（施行11条の3）
(1)　26.175MHz を超える周波数の電波を利用するもの
(2)　空中線電力10ワット以下のもの
(3)　アマチュア局の送信設備であって、当該設備から発射される電波の特性周波数を **0.025 パーセント以内** の誤差で測定することにより、その電波の占有する周波数帯幅が、当該無線局が動作することを許される周波数帯内にあることを確認することができる装置を備え付けているもの

参考　「特性周波数」とは、与えられた発射において容易に識別し、かつ、測定することのできる周波数をいう。（施行2条1項57号）

答 4

§4 無線従事者

〔無線従事者の無線設備の操作の範囲〕

問題 1 第三級アマチュア無線技士の資格を有する者が操作を行うことができる無線設備の最大空中線電力はどれか、正しいものを次のうちから選べ。
1. 10 ワット以下
2. 25 ワット以下
3. 50 ワット以下
4. 100 ワット以下

解説 次の表の左欄に掲げる資格の無線従事者は、右欄に掲げる無線設備の操作を行うことができる。(施行令3条3項)

資　格	操作の範囲
第3級アマチュア無線技士	アマチュア無線局の空中線電力 50 ワット以下の無線設備で 18 メガヘルツ以上又は 8 メガヘルツ以下の周波数の電波を使用するものの操作
第4級アマチュア無線技士	アマチュア無線局の無線設備で次に掲げるものの操作(モールス符号による通信操作を除く。) 1　空中線電力 10 ワット以下の無線設備で 21 メガヘルツから 30 メガヘルツまで又は 8 メガヘルツ以下の周波数の電波を使用するもの 2　空中線電力 20 ワット以下の無線設備で 30 メガヘルツを超える周波数の電波を使用するもの

答 3

問題 2 第三級アマチュア無線技士の資格を有する者が操作を行うことができる無線設備は、次のどの周波数を使用するものか。
1. 8 メガヘルツ以上の周波数
2. 8 メガヘルツ以上 18 メガヘルツ以下の周波数
3. 18 メガヘルツ以下の周波数

4.　18 メガヘルツ以上又は 8 メガヘルツ以下の周波数

答 4

〔免許証の携帯〕

問題 3　無線従事者は、その業務に従事しているとき、免許証をどのようにして
いなければならないか、正しいものを次のうちから選べ。
1.　携帯する。
2.　送信装置のある場所の見やすい箇所に掲げる。
3.　通信室内に保管する。
4.　無線局に備え付ける。

解説 無線従事者は、その**業務に従事**しているとき、**免許証を携帯**していなければなら
ない。（施行 38 条 9 項）

答 1

〔免許証の再交付〕

問題 4　無線従事者が免許証の再交付を受けなければならないのは、どの場合か、
正しいものを次のうちから選べ。
1.　氏名を変更したとき。
2.　本籍地を変更したとき。
3.　現住所を変更したとき。
4.　他の無線従事者の資格を取得したとき。

解説 無線従事者は、**氏名に変更を生じたとき**又は免許証を汚し、破り若しくは失った
ために免許証の再交付を受けようとするときは、**所定の様式の申請書に次に掲げる書
類を添えて**総務大臣又は総合通信局長（沖縄総合通信事務所長を含む。）に提出しなけ
ればならない。（従事者 50 条）
①　免許証（免許証を失った場合を除く。）
②　写真 1 枚
③　氏名の変更の事実を証する書類（氏名に変更を生じたときに限る。）

注 意 ③の「氏名の変更の事実を証する書類」は、戸籍抄本、住民票の写し(変更の事実を確認することができるもの。)などでさしつかえありません。

答 1

問 題 5 第三級アマチュア無線技士の資格を有する者が氏名に変更を生じたときは、免許証の再交付を受けなければならないが、このために必要な提出書類を次のうちから選べ。
1. 所定の様式の申請書及び免許証
2. 所定の様式の申請書、免許証、写真1枚及び氏名の変更の事実を証する書類
3. 適宜の様式の申請書、免許証及び戸籍謄本
4. 適宜の様式の申請書、免許証及び氏名の変更の事実を証する書類

答 2

〔免許証の返納〕

問 題 6 無線従事者がその免許証を返納しなければならないのは、次のどの場合か。
1. 無線設備の操作を5年以上行わなかったとき。
2. 無線従事者の免許の取消しの処分を受けたとき。
3. 日本の国籍を失ったとき。
4. 無線従事者の免許を受けた日から5年が経過したとき。

解 説 無線従事者は、**免許の取消しの処分を受けたとき**は、その処分を受けた日から10日以内にその免許証を総務大臣又は総合通信局長(沖縄総合通信事務所長を含む。)に返納しなければならない。(従事者51条1項)

答 2

問 題 7 無線従事者が免許証を失ったため再交付を受けた後、失った免許証を発見したときにとらなければならない措置は、次のどれか。
1. 発見した免許証を速やかに廃棄する。
2. 発見した日から10日以内にその旨を届け出る。
3. 発見した日から10日以内に再交付を受けた免許証を返納する。
4. 発見した日から10日以内に発見した免許証を返納する。

解説 無線従事者が、免許証を失って再交付を受けた後、失った免許証を発見したときは、**発見した日から 10 日以内に発見した免許証**を総務大臣又は総合通信局長（沖縄総合通信事務所長を含む。）に**返納しなければならない**。（従事者 51 条 1 項）

答 4

§5　無線局の運用

〔無線局の目的外使用の禁止〕

問題 1　アマチュア局がその免許状に記載された目的又は通信の相手方若しくは通信事項の範囲を超えて行うことができる通信は、次のどれか。
1. 宇宙無線通信
2. 国際通信
3. 電気通信業務の通信
4. 非常通信

解説 無線局は、免許状に記載された目的又は通信の相手方若しくは通信事項の範囲を超えて運用してはならない。但し、次に掲げる通信については、この限りでない。(法52条)
(1)～(3)(省略)
(4) **非常通信**
(5) 放送の受信
(6) その他総務省令で定める通信

注意 ①　(1)～(6)の通信を、「目的外通信」といいます。
②　「その他総務省令で定める通信」には、「無線機器の試験又は調整をするために行う通信」、「非常の場合の無線通信の訓練のために行う通信」などがあります。(施行37条)

答 4

〔免許状の記載事項の遵守〕

問題 2　アマチュア局を運用する場合は、電波法の規定により、遭難通信を行う場合を除き、免許状に記載されたところによらなければならないことになっているが、次のうち免許状に記載されていないものはどれか。
1. 電波の型式及び周波数
2. 呼出符号
3. 通信方式
4. 無線設備の設置場所

解説 無線局を運用する場合においては、**無線設備の設置場所、識別信号**(§1無線局の免許の問題17の解説②参照)、**電波の型式及び周波数**は、免許状等に記載されたと

ころによらなければならない。ただし、遭難通信については、この限りでない。(法53条)

答 3

問題 3 アマチュア局を運用する場合において、電波法の規定により、無線設備の設置場所は、遭難通信を行う場合を除き、次のどの書類に記載されたところによらなければならないか。
1. 無線局免許申請書
2. 無線局事項書
3. 免許状
4. 免許証

答 3

問題 4 アマチュア局を運用する場合において、電波法の規定により、識別信号(呼出符号、呼出名称等をいう。)は、遭難通信を行う場合を除き、次のどの書類に記載されたところによらなければならないか。
1. 免許証
2. 無線局事項書
3. 無線局免許申請書
4. 免許状

答 4

問題 5 アマチュア局を運用する場合において、電波法の規定により、呼出符号は、遭難通信を行う場合を除き、次のどの書類に記載されたところによらなければならないか。
1. 無線局免許申請書
2. 免許証
3. 免許状
4. 無線局事項書

答 3

問題 6　アマチュア局を運用する場合において、電波法の規定により、電波の型式は、遭難通信を行う場合を除き、次のどの書類に記載されたところによらなければならないか。

1. 無線局免許申請書
2. 無線局事項書
3. 免許状
4. 免許証

答 3

問題 7　アマチュア局を運用する場合、電波法の規定により、空中線電力は、遭難通信を行う場合を除き、次のどれによらなければならないか。

1. 免許状に記載されたものの範囲内で通信を行うため必要最小のもの
2. 免許状に記載されたものの範囲内で適当なもの
3. 通信の相手方となる無線局が要求するもの
4. 無線局免許申請書に記載したもの

解説 無線局を運用する場合においては、空中線電力は次の各号の定めるところによらなければならない。ただし、遭難通信については、この限りでない。（法 54 条）

(1)　**免許状等に記載されたものの範囲内**であること。
(2)　**通信を行うため必要最小のもの**であること。

答 1

〔アマチュア局の暗語の使用禁止〕

問題 8　アマチュア局の行う通信に使用してはならない用語は、次のどれか。

1. 業務用語
2. 普通語
3. 暗語
4. 略語

解説 アマチュア無線局の行う通信には、**暗語を使用してはならない**。（法 58 条）

答 3

〔無線通信の秘密の保護〕

問題 9 次の記述は、秘密の保護に関する電波法の規定である。 □□□□ 内に入れるべき字句を下の番号から選べ。

　何人も法律に別段の定めがある場合を除くほか、 □□□□ に対して行われる無線通信を傍受してその存在若しくは内容を漏らし、又はこれを窃用してはならない。

1. すべての相手方
2. 総務大臣が告示する無線局
3. すべての無線局
4. 特定の相手方

解説 何人も**法律に別段の定めがある**場合を除くほか、**特定の相手方**に対して行われる無線通信を**傍受**してその**存在若しくは内容**を漏らし、又はこれを窃用してはならない。（法59条）

答 4

問題 10 次の記述は、秘密の保護に関する電波法の規定である。 □□□□ 内に入れるべき字句を下の番号から選べ。

　何人も法律に別段の定めがある場合を除くほか、特定の相手方に対して行われる無線通信を □□□□ してその存在若しくは内容を漏らし、又はこれを窃用してはならない。

1. 聴守
2. 傍受
3. 再生
4. 盗聴

答 2

問題 11 次の記述は、秘密の保護に関する電波法の規定である。 □□□□ 内に入れるべき字句を下の番号から選べ。

　何人も法律に別段の定めがある場合を除くほか、特定の相手方に対して行われる無線通信を傍受してその □□□□ を漏らし、又はこれを窃用してはならない。

1. 情報
2. 通信事項
3. 相手方及び記録

4. 存在若しくは内容

答 4

〔無線通信の原則〕

問題 12　次の記述は、無線通信の原則に関する無線局運用規則の規定である。
　　　　　内に入れるべき字句を下の番号から選べ。

　　無線通信は、正確に行うものとし、通信上の誤りを知ったときは、

1. 初めから更に送信しなければならない。
2. 通報の送信が終わった後、訂正箇所を通知しなければならない。
3. 直ちに訂正しなければならない。
4. 適宜に通報の訂正を行わなければならない。

解 説　無線通信の原則は、次のとおりである。（運用 10 条）
① **必要のない無線通信は、これを行ってはならない。**
② 無線通信に使用する用語は、**できる限り簡潔**でなければならない。
③ 無線通信を行うときは、**自局の識別信号**（§1 無線局の免許の問題 17 の解説②参照）を付して、その出所を明らかにしなければならない。
④ 無線通信は、**正確**に行うものとし、通信上の誤りを知ったときは、**直ちに訂正しなければならない。**

答 3

問題 13　無線局運用規則において、無線通信の原則として規定されているものは、次のどれか。
1. 無線通信は、長時間継続して行ってはならない。
2. 無線通信に使用する用語は、できる限り簡潔でなければならない。
3. 無線通信は、有線通信を利用することができないときに限り行うものとする。
4. 無線通信を行う場合においては、略符号以外の用語を使用してはならない。

答 2

問題 14　無線通信の原則として無線局運用規則に規定されているものは、次のどれか。

1. 無線通信は、できる限り業務用語を使用して簡潔に行わなければならない。
2. 無線通信は、迅速に行うものとし、できる限り速い通信速度で行わなければならない。
3. 無線通信は、試験電波を発射した後でなければ行ってはならない。
4. 無線通信を行うときは、自局の識別信号を付して、その出所を明らかにしなければならない。

答 4

問題 15 無線通信の原則として無線局運用規則に規定されていないものは、次のどれか。
1. 無線通信は、正確に行うものとし、通信上の誤りを知ったときは、通報終了後一括して訂正しなければならない。
2. 必要のない無線通信は、これを行ってはならない。
3. 無線通信に使用する用語は、できる限り簡潔でなければならない。
4. 無線通信を行うときは、自局の呼出符号を付して、その出所を明らかにしなければならない。

答 1

〔発射前の措置〕

問題 16 無線局が相手局を呼び出そうとするときは、遭難通信等を行う場合を除き、一定の周波数によって聴守し、他の通信に混信を与えないことを確かめなければならないが、この場合において聴守しなければならない周波数は、次のどれか。
1. 自局の発射しようとする電波の周波数その他必要と認める周波数
2. 自局に指定されているすべての周波数
3. 他の既に行われている通信に使用されている周波数であって、最も感度の良いもの
4. 自局の付近にある無線局において使用する電波の周波数

解説 無線局は、相手局を呼び出そうとするときは、電波を発射する前に、受信機を最良の感度に調整し、**自局の発射しようとする電波の周波数その他必要と認める周波数**

によって聴守し、他の通信に混信を与えないことを確かめなければならない。ただし、遭難通信、緊急通信、安全通信及び非常の場合の無線通信を行う場合は、この限りでない。（運用 19 条の 2 第 1 項）

答 1

問題 17　無線局は、相手局を呼び出す場合において、他の通信に混信を与えるおそれがあるときは、どうしなければならないか、無線局運用規則の規定により正しいものを次のうちから選べ。
1.　混信を与えないように注意しながら呼出しをしなければならない。
2.　空中線電力を低下させた後で呼出しをしなければならない。
3.　その通信の終了した後でなければ呼出しをしてはならない。
4.　他の通信が行われているときは、少なくとも 3 分間待った後でなければ呼出しをしてはならない。

解説 無線局は、相手局を呼び出す場合において、他の通信に混信を与えるおそれがあるときは、**その通信が終了した後でなければ呼出しをしてはならない。**（運用 19 条の 2 第 2 項）

答 3

〔業務用語〕

問題 18　モールス無線通信において、「こちらは、受信証を送ります。」を示す Q 符号をモールス符号で表したものは、次のどれか。
1.　— — · —　· · ·　· — · ·
2.　— — · —　· · ·　· · —
3.　— — · —　· · ·　· · · —
4.　— — · —　· · ·　· — —
　　注　モールス符号の点、線の長さ及び間隔は、簡略化してある。

解説 選択肢 1 のモールス符号で表した Q 符号は「QSL」、選択肢 2 のモールス符号で表したものは「QSU」、選択肢 3 のモールス符号で表した Q 符号は「QSV」、選択肢 4 のモールス符号で表した Q 符号は「QSW」です。

答 1

表1　Q符号（抜すい）（無線電信通信の略符号，運用別表2号の1）

Q符号を問いの意義に使用するときは、Q符号の次に問符（？）をつけなければならない

Q符号	意　　義	
	問い	答え又は通知
QRA	貴局名は、何ですか。	当局名は、……です。
QRK	こちらの信号の明りょう度は、どうですか。	そちらの信号の明りょう度は、 1　悪いです。 2　かなり悪いです。 3　かなり良いです。 4　良いです。 5　非常に良いです。
QRM	こちらの伝送は、混信を受けていますか。	そちらの伝送は、 1　混信を受けていません。 2　少し混信を受けています。 3　かなり混信を受けています。 4　強い混信を受けています。 5　非常に強い混信を受けています。
QRN	そちらは、空電に妨げられていますか。	こちらは、 1　空電に妨げられていません。 2　少し空電に妨げられています。 3　かなり空電に妨げられています。 4　強い空電に妨げられています。 5　非常に強い空電に妨げられています。
QRZ	誰かこちらを呼んでいますか。	そちらは、…から呼ばれています。
QSA	こちらの信号の強さは、どうですか。	そちらの信号の強さは、 1　ほとんど感じません。 2　弱いです。 3　かなり強いです。 4　強いです。 5　非常に強いです。
QSK	そちらは、そちらの信号の間に、こちらを聞くことができますか。できるとすれば、こちらは、そちらの伝送を中断してもよろしいですか。	こちらは、こちらの信号の間に、そちらを聞くことができます。こちらの伝送を中断してよろしい。
QSL	そちらは、受信証を送ることができますか。	こちらは、受信証を送ります。
QSU	こちらは、この周波数で送信又は応答しましょうか。	その周波数で送信又は応答してください。

QSV	こちらは、調整のために、この周波数で V の連続を送信しましょうか。	調整のために、その周波数で V の連続を送信してください。
QSW	そちらは、この周波数で送信してくれませんか。	こちらは、この周波数で送信しましょう。
QTH	緯度及び経度で示すそちらの位置は、何ですか。	こちらの位置は、緯度…、経度…です。

問題 19 モールス無線通信において、「当局名は、…です。」を示す Q 符号をモールス符号で表したものは、次のどれか。

1. －－・－　・－・　－・－
2. －－・－　・・・　・－－
3. －－・－　－　・・・・
4. －－・－　・－・　・－

注　モールス符号の点、線の長さ及び間隔は、簡略化してある。

解説　選択肢 1 のモールス符号で表した文字は「QRK」、選択肢 2 のモールス符号で表した Q 符号は「QSW」、選択肢 3 のモールス符号で表した Q 符号は「QTH」、選択肢 4 のモールス符号で表した Q 符号は「QRA」です。

答 4

問題 20 モールス無線通信において、「こちらは、非常に強い空電に妨げられています。」を示す Q 符号をモールス符号で表したものは、次のどれか。

1. －－・－　・－・　－－　・－－－－
2. －－・－　・－・　－・　・・・・・
3. －－・－　・－・　－・－　・－－－－
4. －－・－　・・・　・－　・・・・・

注　モールス符号の点、線の長さ及び間隔は、簡略化してある。

解説　選択肢 1 のモールス符号で表した Q 符号は「QRM1」、選択肢 2 のモールス符号で表した Q 符号は「QRN5」、選択肢 3 のモールス符号で表した Q 符号は「QRK1」、選択肢 4 のモールス符号で表した Q 符号は「QSA5」です。

答 2

問題 21 モールス無線通信において、「そちらの伝送は、非常に強い混信を受けています。」を示す Q 符号をモールス符号で表したものは、次のどれか。

1.　━━・━　・━・　━━　・・・・・
2.　━━・━　・━・　・　・━━━
3.　━━・━　・━・　━・━　・━━━
4.　━━・━　・・・　・━　・・・・・

　　注　モールス符号の点、線の長さ及び間隔は、簡略化してある。

解説 選択肢1のモールス符号で表した Q 符号は「QRM5」、選択肢2のモールス符号で表した Q 符号は「QRN1」、選択肢3のモールス符号で表した Q 符号は「QRK1」、選択肢4のモールス符号で表した Q 符号は「QSA5」です。

答 1

問題 22 モールス無線通信において、「そちらの信号の強さは、非常に強いです。」を示す Q 符号をモールス符号で表したものは、次のどれか。

1.　━━・━　・━・　━━　・━━━
2.　━━・━　・━・　━・　・━━━
3.　━━・━　・━・　━・━　・━━━
4.　━━・━　・・・　・━　・・・・・

　　注　モールス符号の点、線の長さ及び間隔は、簡略化してある。

解説 選択肢1のモールス符号で表した Q 符号は「QRM1」、選択肢2のモールス符号で表した Q 符号は「QRN1」、選択肢3のモールス符号で表した Q 符号は「QRK5」、選択肢4のモールス符号で表した Q 符号は「QSA5」です。

答 4

問題 23 モールス無線通信において、「そちらの信号の明りょう度は、非常に良いです。」を示す Q 符号をモールス符号で表したものは、次のどれか。

1.　━━・━　・━・　━━　・━━━
2.　━━・━　・━・　━・　・━━━
3.　━━・━　・━・　━・━　・・・・・
4.　━━・━　・・・　・━　・・・・・

　　注　モールス符号の点、線の長さ及び間隔は、簡略化してある。

法 規 編

解説 選択肢1のモールス符号で表したQ符号は「QRM1」、選択肢2のモールス符号で表したQ符号は「QRN1」、選択肢3のモールス符号で表したQ符号は「QRK5」、選択肢4のモールス符号で表したQ符号は「QSA5」です。

答 3

問題 24　モールス無線通信において、欧文通信の訂正符号を示す略符号をモールス符号で表したものは、次のどれか。

　1.　－・・・－

　2.　・・・・・・・・

　3.　・－・－・

　4.　・・・－・－

　　注　モールス符号の点、線の長さ及び間隔は、簡略化してある。

解説 選択肢1のモールス符号で表した略符号は「$\overline{BT}$」、選択肢2のモールス符号で表した略符号は「$\overline{HH}$」、選択肢3のモールス符号で表した文字は「$\overline{AR}$」、選択肢4のモールス符号で表した略符号は「$\overline{VA}$」です。

答 2

表2　Q符号以外の略符号（抜すい）（無線電信通信の略符号、運用別表2号の2）

略符号	意　義
$\overline{AR}$	送信の終了符号
$\overline{AS}$	送信の待機を要求する符号
$\overline{BT}$	同一の伝送の異なる部分を分離する符号
CQ	各局あて一般呼出し
DE	…から（呼出局の呼出符号又は他の識別表示に前置して使用する。）
EX	機器調整又は実験のための調整符号を発射するときに使用する。
$\overline{HH}$	欧文通信の訂正符号
K	送信してください。
NIL	こちらは、そちらに送信するものがありません。
OK	こちらは、同意します（又はよろしい。）。
R	受信しました。
RPT	反復してください（又はこちらは、反復します。）。（又は…を反復してください。）。
TU	ありがとう。
$\overline{VA}$	通信の完了符号
VVV	調整符号
$\overline{OSO}$	非常符号

注意 文字の上に線を付した略符号は、その全部を1符号として送信するモールス符号です。

問題 25　モールス無線通信において、通報の送信を終わるときに使用する略符号をモールス符号で表したものは、次のどれか。
1.　－－－　　－・－
2.　－　・・－
3.　・－・－・
4.　－・　・・　・－・・
　　注　モールス符号の点、線の長さ及び間隔は、簡略化してある。

解説 選択肢1のモールス符号で表した略符号は「OK」、選択肢2のモールス符号で表した略符号は「TU」、選択肢3のモールス符号で表した略符号は「AR」、選択肢4のモールス符号で表した略符号は「NIL」です。

答 3

問題 26　モールス無線通信において、通報を確実に受信したときに送信することとされている略符号をモールス符号で表したものは、次のどれか。
1.　・・・－・－
2.　・－・
3.　－－－　　－・－
4.　－　・・－
　　注　モールス符号の点、線の長さ及び間隔は、簡略化してある。

解説 選択肢1のモールス符号で表した略符号は「VA」、選択肢2のモールス符号で表した略符号は「R」、選択肢3のモールス符号で表した略符号は「OK」、選択肢4のモールス符号で表した略符号は「TU」です。

答 2

〔呼出し〕

問題 27　次の「　　」内は、アマチュア局のモールス無線通信において、相手局（1局）を呼び出す場合に順次送信する事項である。□□□内に入れるべき字句を

下の番号から選べ。

「1　相手局の呼出符号　　　　　　　　　

　　2　DE　　　　　　　　1回

　　3　自局の呼出符号　　　3回以下　」

1. 3回以下

2. 5回以下

3. 10回以下

4. 数回

解説　呼出しは、順次送信する次に掲げる事項によって行うものとする。（運用20条1項）

(1)　相手局の呼出符号　　**3回以下**

(2)　DE　　　　　　　　1回

(3)　自局の呼出符号　　　**3回以下**

注意　(1)～(3)の事項を「呼出事項」といいます。

答　1

〔一括呼出し〕

問題 28　次の「　　」内は、アマチュア局のモールス無線通信において、免許状に記載された通信の相手方である無線局を一括して呼び出す場合に順次送信する事項である。　　　　内に入れるべき字句を下の番号から選べ。

「1　CQ　　　　　　　　　　

　　2　DE　　　　　　　　1回

　　3　自局の呼出符号　　　3回以下

　　4　K　　　　　　　　　1回　　」

1. 2回以下　　　　　　　　　　　　2. 3回

3. 5回以下　　　　　　　　　　　　4. 10回以下

解説　無線局は、免許状に記載された通信の相手方である無線局を一括して呼び出そうとするときは、次の事項を順次送信するものとする。（運用127条）

(1)　CQ　　　　　　　　**3回**

(2)　DE　　　　　　　　1回

(3)　自局の呼出符号　　　**3回以下**

(4)　K　　　　　　　　　1回

答　2

問題 29 次の「　　」内は、アマチュア局のモールス無線通信において、免許状に記載された通信の相手方である無線局を一括して呼び出す場合に順次送信する事項である。□□□□内に入れるべき字句を下の番号から選べ。

「1　CQ　　　　　　　　　　3回
　2　DE　　　　　　　　　　1回
　3　自局の呼出符号　　　　□□□□
　4　K　　　　　　　　　　1回　　　」

1. 5回　　　　　　　　　　　　　2. 3回以下
3. 2回　　　　　　　　　　　　　4. 1回

答 2

〔呼出しの簡易化〕

問題 30　アマチュア局が空中線電力50ワット以下のモールス無線通信を使用して呼出しを行う場合において、確実に連絡の設定ができると認められるとき、呼出しは、次のどれによることができるか。

1. 相手局の呼出符号　　　　3回以下
2. (1)　DE
　　(2)　自局の呼出符号　　　3回以下
3. 自局の呼出符号　　　　　3回以下
4. (1)　相手局の呼出符号　　3回以下
　　(2)　DE

解説 空中線電力50ワット以下の無線設備を使用して呼出しを行う場合において、確実に連絡の設定ができると認められるときは、**呼出事項**（問題28の 解説 参照）のうち、「**DE**」及び「**自局の呼出符号**」の送信を省略することができる。（運用126条の2第1項）

答 1

〔呼出しの反復及び再開〕

問題 31　アマチュア局が呼出しを反復しても応答がない場合、呼出しを再開するには、できる限り、少なくとも何分間の間隔をおかなければならないと定めら

れているか、正しいものを次のうちから選べ。

1. 2分間
2. 3分間
3. 5分間
4. 10分間

解説 呼出しを反復しても応答がないときは、少なくとも**3分間**の間隔をおかなければ、呼出しを再開してはならない。（運用21条1項）

答 2

〔呼出しの中止〕

問題 32　無線局は、自局の呼出しが他の既に行われている通信に混信を与える旨の通知を受けたときは、どうしなければならないか、正しいものを次のうちから選べ。

1. 混信の度合いが強いときに限り、直ちにその呼出しを中止する。
2. 空中線電力を小さくして、注意しながら呼出しを行う。
3. 直ちにその呼出しを中止する。
4. 中止の要求があるまで呼出しを反復する。

解説 無線局は、自局の呼出しが他の既に行われている通信に混信を与える旨の通知を受けたときは、**直ちにその呼出しを中止しなければならない**。（運用22条1項）

答 3

〔応　答〕

問題 33　次の「　　　」内は、アマチュア局のモールス無線通信において、応答する場合に順次送信する事項である。　　　　内に入れるべき字句を下の番号から選べ。

「1　相手局の呼出符号　　　　3回以下

2　DE　　　　　　　　　　1回

3　自局の呼出符号　　　　　　　　　」

1. 1回

—150—

　　2.　2回

　　3.　3回

　　4.　3回以下

解説 無線局の自局に対する呼出しの応答は、順次送信する次に掲げる事項によって行うものとする。（運用23条2項）

　(1)　相手局の呼出符号　　**3回以下**

　(2)　DE　　　　　　　　　1回

　(3)　自局の呼出符号　　　**1回**

注意 (1)～(3)の事項を「応答事項」といいます。

答 1

問題 34　次の「　　」内は、アマチュア局のモールス無線通信において、応答する場合に順次送信する事項であるが、□□□□内に入れるべき字句を下の番号から選べ。

　　「　1　相手局の呼出符号　　□□□□□

　　　　2　DE　　　　　　　　　1回

　　　　3　自局の呼出符号　　　1回　　　」

　1.　数回

　2.　3回以下

　3.　5回

　4.　10回以下

答 2

問題 35　アマチュア局のモールス無線通信において、応答に際し10分以上後でなければ通報を受信することができない事由があるときに、応答事項の次に送信するものは、次のどれか。

　1.　「$\overline{AS}$」、分で表す概略の待つべき時間及びその理由

　2.　「K」及び分で表す概略の待つべき時間

　3.　「K」及び通報を受信することができない事由

　4.　「$\overline{AS}$」及び呼出しを再開すべき時刻

解説 無線局は、自局に対する呼出しの応答に際し10分以上たたなければ通報を受信

—151—

することができない事由があるときは、応答事項の次に、「AS」及び分で表す概略の待つべき時間及びその理由を送信しなければならない。（運用23条3項）

無線電話の場合は「AS」が「お待ちください」となる。

答 1

問題 36　次の記述は、モールス無線通信における無線局の応答について述べたものである。□□□□内に入れるべき字句を下の番号から選べ。

　無線局は、自局に対する呼出しを受信した場合において直ちに通報を受信できない事由があるときは、応答事項の次に□□□□及び分で表す概略の待つべき時間を送信するものとする。

1. VVV
2. AS
3. HH
4. EX

答 2

〔応答の簡易化〕

問題 37　空中線電力50ワット以下のモールス無線電信を使用して応答を行う場合において、確実に連絡の設定ができると認められるとき、応答は、次のどれによることができるか。

1. K
2. (1) DE　　　　　　　　　　1回
　　(2) 自局の呼出符号　　　　1回
3. 相手局の呼出符号　　　　　3回以下
4. (1) 相手局の呼出符号　　　3回以下
　　(2) DE　　　　　　　　　　1回

解説 空中線電力50ワット以下の無線設備を使用して応答を行う場合において、確実に連絡の設定ができると認められるときは、応答事項（問題33の 注意 参照）のうち、「相手局の呼出符号3回以下」の送信を省略することができる。（運用126条の2第1項）

答 2

〔不確実な呼出しに対する応答〕

問題 38 無線局は、モールス無線通信において、自局に対する呼出しであることが確実でない呼出しを受信したときは、どうしなければならないか、正しいものを次のうちから選べ。
1.「QRA?」を使用して直ちに応答する。
2. その呼出しが反復され、かつ、自局に対する呼出しであることが確実に判明するまで応答してはならない。
3.「QRU?」を使用して直ちに応答する。
4.「QRZ?」を使用して直ちに応答する。

解説 無線局は、自局に対する呼出しであることが確実でない呼出しを受信したときは、その呼出しが反復され、かつ、**自局に対する呼出しであることが確実に判明するまで応答してはならない。**（運用26条1項）

答 2

問題 39 無線局は、モールス無線通信で自局に対する呼出しを受信した場合において、呼出局の呼出符号が不確実であるときは、次のどれによらなければならないか。
1. 応答事項のうち相手局の呼出符号の代わりに「QRA?」を使用して、直ちに応答する。
2. 応答事項のうち相手局の呼出符号の代わりに「QRZ?」を使用して、直ちに応答する。
3. 呼出局の呼出符号が確実に判明するまで応答しない。
4. 応答事項のうち相手局の呼出符号を省略して、直ちに応答する。

解説 無線局は、自局に対する呼出しを受信した場合において、呼出局の呼出符号が不確実であるときは、**応答事項のうち相手局の呼出符号の代わりに「QRZ?」を使用して、直ちに応答しなければならない。**（運用26条2項）
無線電話の場合は、「QRZ ？」を「誰かこちらを呼びましたか？」と応答する。

答 2

〔長時間の送信〕

問題 40　アマチュア局のモールス無線通信において、長時間継続して通報を送信するとき、10分ごとを標準として適当に送信しなければならない事項は、次のどれか。
1.　自局の呼出符号
2.　(1)　DE
　　(2)　自局の呼出符号
3.　相手局の呼出符号
4.　(1)　相手局の呼出符号
　　(2)　DE
　　(3)　自局の呼出符号

解説　無線局は、長時間継続して通報を送信するときは、30分（**アマチュア局にあっては10分**）ごとを標準として適当に「**DE**」及び**自局の呼出符号**を送信しなければならない。（運用30条）
無線電話の場合は「DE」を「こちらは」と送出する。

答 2

問題 41　アマチュア局は、モールス無線通信において、長時間継続して通報を送信するときは、何分ごとを標準として適当に「DE」及び自局の呼出符号を送信しなければならないか、正しいものを次のうちから選べ。
1.　5分
2.　10分
3.　15分
4.　20分

答 2

問題 42　次の記述は、モールス無線通信における長時間の送信について述べたものである。　　　　内に入れるべき字句を下の番号から選べ。
　　無線局は、長時間継続して通報を送信するときは、30分（アマチュア局にあっては10分）ごとを標準として適当に　　　　を送信しなければならない。

1. 「DE」及び自局の呼出符号
2. 自局の呼出符号
3. 相手局の呼出符号及び自局の呼出符号
4. 相手局の呼出符号

答 1

〔誤送の訂正〕

問題 43 モールス無線通信において、手送による欧文の送信中に誤った送信をしたことを知ったときは、次のどれによらなければならないか。
1. 「$\overline{\text{HH}}$」を前置して、初めから更に送信する。
2. 「RPT」を前置して、誤った語字から更に送信する。
3. そのまま送信を継続し、送信終了後「RPT」を前置して、訂正箇所を示して正しい語字を送信する。
4. 「$\overline{\text{HH}}$」を前置して、正しく送信した適当な語字から更に送信する。

解説 手送りによる欧文の送信中に誤った送信をしたことを知ったときは、「$\overline{\text{HH}}$」を前置して、正しく送信した適当の語字から更に送信しなければならない。（運用31条）

答 4

〔送信の終了〕

問題 44 モールス無線通信において、通報の送信を終了し、他に送信すべき通報がないことを通知しようとするときは、送信した通報に続いて、どの事項を送信して行うことになっているか、正しいものを次のうちから選べ。
1. QSK　K
2. TU　$\overline{\text{VA}}$
3. $\overline{\text{VA}}$（1回）　自局の呼出符号（1回）
4. NIL　K

解説 通報の送信を終了し、他に送信すべき通報がないことを通知しようとするときは、送信した通報に続いて次に掲げる事項を順次送信するものとする。（運用36条）
　(1)　NIL

(2)　K

答 4

〔試験電波の発射〕

問題 45　次の「　　　」内は、無線局がモールス無線電信により試験電波を発射する場合に送信する事項の一部である。⬚⬚⬚⬚内に入れるべき字句を下の番号から選べ。

「1　EX　　　　　　3回
　2　DE　　　　　　1回
　3　自局の呼出符号　⬚⬚⬚⬚」

1. 3回
2. 2回以下
3. 2回
4. 1回

解説 無線局は、無線機器の試験又は調整のため電波の発射を必要とするときは、発射する前に自局の発射しようとする電波の周波数及びその他必要と認める周波数によって聴守し、他の無線局の通信に混信を与えないことを確かめた後、次の符号を順次送信し、更に1分間聴守を行い、他の無線局から停止の請求がない場合に限り、「VVV」の連続及び自局の呼出符号1回を送信しなければならない。（運用39条1項）

(1)　EX　　　　　　　　　　**3回**
(2)　DE　　　　　　　　　　1回
(3)　自局の呼出符号　　　　**3回**

無線電話の場合は「EX」を「ただいま試験中」、「DE」を「こちらは」とする。

答 1

問題 46　次の「　　　」内は、無線局がモールス無線電信により試験電波を発射する場合に送信する事項の一部である。⬚⬚⬚⬚内に入れるべき字句を下の番号から選べ。

「1　EX　　　　　⬚⬚⬚⬚
　2　DE　　　　　　1回
　3　自局の呼出符号　3回　　」

1. 3回

　2.　2回以下

　3.　2回

　4.　1回

答 1

問題 47　無線局がなるべく疑似空中線回路を使用しなければならないのは、次のどの場合か。

　1.　工事設計書に記載された空中線を使用できないとき。

　2.　無線設備の機器の試験又は調整を行うために運用するとき。

　3.　無線設備の機器の取替え又は増設の際に運用するとき。

　4.　他の無線局の通信に妨害を与えるおそれがあるとき。

解説 無線局は、**無線設備の機器の試験又は調整**を行うために運用するときは、なるべく疑似空中線回路を使用しなければならない。（法57条）

答 2

問題 48　電波の発射を必要とするモールス無線電信の機器の調整中、しばしばその電波の周波数により聴守を行って確かめなければならないのは、次のどれか。

　1.　他の無線局から停止の要求がないかどうか。

　2.　受信機が最良の感度に調整されているかどうか。

　3.　周波数の偏差が許容値を超えていないかどうか。

　4.　「VVV」の連続及び自局の呼出符号の送信が10秒間を超えていないかどうか。

解説 ①　無線局は、無線機器の試験又は調整中、しばしばその電波の周波数により聴守を行い、**他の無線局から停止の要求がないかどうかを確かめなければならない。**（運用39条2項）

②　無線局は、相手局を呼び出そうとするときは、電波を発射する前に、受信機を最良の感度に調整し、自局の発射しようとする電波の周波数その他必要と認める周波数によって聴取し、他の通信に混信を与えないことを確かめなければならない。但し、非常の場合の無線通信等を行う場合並びに他の通信に混信を与えないことが確実である電波により通信を行う場合は、この限りでない。（運用19条の2）

③　アマチュア局が無線機器の試験又は調整のため電波の発射を必要とするときは、「VVV」の連続及び自局の呼出符号の送信は、**10秒間をこえてはならない。**（運用39

条1項)

④　無線電話の場合は、「VVV」を「本日は晴天なり」とする。

答 1

問題 49　無線局は、無線設備の機器の試験又は調整のための電波の発射が他の既に行われている通信に混信を与える旨の通知を受けたときは、どうしなければならないか。正しいものを次のうちから選べ。
1.　空中線電力を低下しなければならない。
2.　直ちにその発射を中止しなければならない。
3.　10秒間を超えて電波を発射しないように注意しなければならない。
4.　その通知に対して直ちに応答しなければならない。

解説　無線局は、**無線設備の機器の試験又は調整のための電波の発射**が他の既に行われている通信に混信を与える旨の通知を受けたときは、直ちにその呼出しを中止しなければならない。（運用22条）

答 2

〔前置符号〕

問題 50　モールス無線通信における非常の場合の無線通信において、連絡を設定するための呼出し又は応答は、呼出事項又は応答事項に「OSO」を何回前置して行うことになっているか、正しいものを次のうちから選べ。
1.　1回
2.　2回
3.　3回
4.　4回

解説　非常の場合の無線通信において、無線電信により連絡を設定するための呼出し又は応答は、呼出事項又は**応答事項に「OSO」3回を前置して行う**ものとする。（運用131条）

無線電話の場合は「OSO」のかわりに「非常」を用いる。

答 3

問題 51　モールス無線通信における非常の場合の無線通信において、連絡を設

定するための応答は、次のどれによって行うか。

1. 応答事項の次に「$\overline{\text{OSO}}$」2回を送信する。
2. 応答事項の次に「$\overline{\text{OSO}}$」3回を送信する。
3. 応答事項に「$\overline{\text{OSO}}$」1回を前置する。
4. 応答事項に「$\overline{\text{OSO}}$」3回を前置する。

答 4

〔$\overline{\text{OSO}}$ を受信した場合の措置〕

問題 52　無線局は、「$\overline{\text{OSO}}$」（又は「非常」）を前置した呼出しを受信したときは、応答する場合を除き、どうしなければならないか、正しいものを次のうちから選べ。

1. その旨を自局の通信の相手方に通報する。
2. その旨を直ちに総合通信局長（沖縄総合通信事務局長を含む。）に報告する。
3. 自局の交信が終了した後、この呼出し及びこれに続く通報を傍受する。
4. この呼出しに混信を与えるおそれのある電波の発射を停止して傍受する。

解説 「$\overline{\text{OSO}}$」を前置した呼出しを受信した無線局は、応答する場合を除く外、これに混信を与えるおそれのある電波の発射を停止して傍受しなければならない。（運用132条）

答 4

〔発射の中止〕

問題 53　アマチュア局は、自局の発射する電波がテレビジョン放送又はラジオ放送の受信等に支障を与えるときは、非常の場合の無線通信等を行う場合を除き、どうしなければならないか、正しいものを次のうちから選べ。

1. 注意しながら電波を発射する。
2. 速やかに当該周波数による電波の発射を中止する。
3. 障害の程度を調査し、その結果によっては電波の発射を中止する。
4. 空中線電力を小さくする。

解説 アマチュア局は、自局の発射する電波が**他の無線局の運用又は放送の受信に支障**

を与え、若しくは与える 虞 があるときは、**すみやかに当該周波数による電波の発射を中止しなければならない**。但し、非常の場合の無線通信等を行う場合は、この限りでない。（運用 258 条）

答 2

問題 54　アマチュア局は、自局の発射する電波が放送の受信に支障を与え、又は与えるおそれがあるときは、非常の場合の無線通信等を行う場合を除き、どうしなければならないか、正しいものを次のうちから選べ。
1. 空中線電力を小さくして、注意しながら電波を発射する。
2. 重大な支障を与えるときは、電波の発射を中止する。
3. 速やかに当該周波数による電波の発射を中止する。
4. 要求があれば、直ちに電波の発射を中止する。

答 3

〔禁止する通報〕

問題 55　アマチュア局は、他人の依頼による通報を送信することができるか、正しいものを次のうちから選べ。
1. やむを得ないと判断したものはできる。
2. 内容が簡単であればできる。
3. できる。
4. できない。

解説 アマチュア局の送信する通報は、**他人の依頼によるものであってはならない**。（運用 259 条）

答 4

§6 監 督

〔電波の発射の臨時停止〕

問題 1　総務大臣は、無線局の発射する電波の質が総務省令で定めるものに適合していないと認めるとき、その無線局についてとることがある措置は、次のどれか。
1. 免許を取り消す。
2. 空中線の撤去を命じる。
3. 臨時に電波の発射の停止を命じる。
4. 周波数又は空中線電力の指定を変更する。

解説　総務大臣は、無線局の発射する電波の質が総務省令で定めるものに適合していないと認めるときは、当該無線局に対して**臨時に電波の発射の停止を命ずることができる**。（法72条1項）

答 3

問題 2　無線局が臨時に電波の発射の停止を命じられることがある場合は、次のどれか。
1. 総務大臣が当該無線局の発射する電波の質が総務省令で定めるものに適合していないと認めるとき。
2. 免許状に記載された空中線電力の範囲を超えて運用したとき。
3. 発射する電波が他の無線局の通信に混信を与えたとき。
4. 非常の場合の無線通信を行ったとき。

答 1

〔臨時検査〕

問題 3　総務大臣は、電波法の施行を確保するため特に必要がある場合において、無線局に電波の発射を命じて行う検査では、何を検査するか、正しいものを次の

うちから選べ。
1. 送信装置の電源電圧の変動率
2. 発射する電波の質又は空中線電力
3. 無線局の運用の実態
4. 無線従事者の無線設備の操作の技能

|解 説| 総務大臣は、電波法の施行を確保するため特に必要がある場合において、当該無線局の発射する電波の質又は空中線電力に係る無線設備の事項のみについて検査を行う必要があると認めるときは、その無線局に電波の発射を命じて、その**発射する電波の質又は空中線電力の検査**を行うことができる。(法73条6項)

|参 考| この検査を「臨時検査」といいます。

|答| 2

|問 題| 4　臨時検査(電波法第73条第5項の検査)が行われる場合は、次のどれか。
1. 無線局の再免許が与えられたとき。
2. 無線従事者選解任届を提出したとき。
3. 無線設備の工事設計の変更をしたとき。
4. 臨時に電波の発射の停止を命じられたとき。

|解 説| 総務大臣は、次のいずれかに該当するときは、その職員を無線局に派遣し、その無線設備等を検査させることができる。(法73条5項)
(1)　無線設備が技術基準に適合していないと認め、当該無線設備を使用する無線局の免許人に対し、その技術基準に適合するように当該無線設備の修理その他の必要な措置を執るべきことを命じたとき。
(2)　無線局の発射する電波の質が総務省令で定めるものに適合していないため、当該無線局に対して**臨時に電波の発射の停止を命じた**とき。
(3)　(2)の命令を受けた無線局からその発射する電波の質が総務省令に定めるものに適合するに至った旨の申出があったとき。
(4)　その他電波法の施行を確保するため特に必要があるとき。

|ガイド| 「無線設備等」は、無線設備、無線従事者の資格及び員数並びに時計及び書類をいいます。(法10条1項)

|答| 4

〔無線局の運用の停止または制限〕

|問 題| 5　免許人が電波法に違反したとき、その無線局について総務大臣から受け

ることがある処分は、次のどれか。
1. 通信事項の制限
2. 電波の型式の制限
3. 運用の停止
4. 通信の相手方の制限

解説 総務大臣は、免許人が次のいずれかに該当するときは、**3箇月以内の期間**を定めて無線局の**運用の停止**を命じ、又は期間を定めて運用許容時間、**周波数**若しくは**空中線電力を制限**することができる。(法76条1項)
(1) **電波法に違反したとき。**
(2) **電波法に基づく命令に違反したとき。**
(3) **電波法に基づく処分に違反したとき。**
(4) **電波法に基づく命令による処分に違反したとき。**

注意 解説の(1)から(4)をまとめると、「電波法若しくは電波法に基づく命令又はこれらに基づく処分に違反したとき」になります。

答 3

問題 6 免許人が電波法に違反したとき、その無線局について総務大臣から受けることがある処分は、次のどれか。
1. 再免許の拒否
2. 通信事項の制限
3. 電波の型式の制限
4. 周波数の制限

答 4

問題 7 免許人が電波法に基づく命令に違反したとき、その無線局について総務大臣から受けることがある処分は、次のどれか。
1. 電波の型式の制限
2. 再免許の拒否
3. 空中線電力の制限
4. 通信の相手方の制限

答 3

問題 8 免許人が電波法に基づく命令に違反したとき、その無線局について総務大臣から受けることがある処分は、次のどれか。
1. 無線従事者の解任命令
2. 電波の型式の制限
3. 運用の停止
4. 通信の相手方の制限

答 3

<hr>

問題 9　免許人が総務大臣から3か月以内の期間を定めて無線局の運用の停止を命じられることがあるのは、次のどの場合か。
1. 電波法に違反したとき。
2. 無線従事者がその免許証を失ったとき。
3. 無線局の免許状を失ったとき。
4. 免許人が「日本の国籍を有しない者」となったとき。

答 1

〔無線局の免許の取り消し〕

問題 10　アマチュア局の免許人が不正な手段により無線局の免許を受けたとき、総務大臣から受けることがある処分は、次のどれか。
1. 免許の取り消し　　　　　　　2. 運用の停止
3. 運用許容時間の制限　　　　　4. 周波数又は空中線電力の制限

解説 総務大臣は、免許人が次のいずれかに該当するときは、その無線局の免許を取り消すことができる。(法 76 条 3 項 2 号)
(1) **不正な手段により無線局の免許を受けたとき。**
(2) 不正な手段により無線設備の設置場所の変更の許可を受けたとき。
(3) 不正な手段により無線設備の変更の工事の許可を受けたとき。
(4) 不正な手段により電波の型式、周波数、空中線電力又は呼出符号等の指定の変更を行わせたとき。

答 1

<hr>

問題 11　無線局の免許を取り消されることがあるのは、次のどれか。
1. 免許人が免許人以外の者のために無線局を運用させたとき。
2. 免許人が1年以上の期間日本を離れたとき。
3. 免許状に記載された目的の範囲を超えて運用したとき。
4. 不正な手段により無線局の免許を受けたとき。

答 4

〔無線従事者の免許の取消しなど〕

問題 12　無線従事者がその免許を取り消されることがあるのは、次のどれか。
1. 日本の国籍を失ったとき。
2. 不正な手段により免許を受けたとき。
3. 無線従事者が死亡したとき。
4. 免許証を失ったとき。

解説 （総務大臣は、）無線従事者が次のいずれかに該当するときは、その**免許を取り消**し、又は**3箇月以内の期間を定めてその業務に従事することを停止**することができる。（法79条1項）
(1) **電波法に違反したとき。**
(2) **電波法に基づく命令に違反したとき。**
(3) 電波法に基づく処分に違反したとき。
(4) **電波法に基づく命令による処分に違反したとき。**
(5) **不正な手段により免許を受けたとき。**
(6) 著しく心身に欠陥があって無線従事者たるに適しない者となったとき。

注意 解説の(1)から(4)をまとめると、「電波法若しくは電波法に基づく命令又はこれらに基づく処分に違反したとき」になります。

答 2

問題 13　無線従事者がその免許を取り消されることがある場合は、次のどれか。
1. 5年以上無線設備の操作を行わなかったとき。
2. 日本の国籍を失ったとき。
3. 電波法に基づく処分に違反したとき。
4. 免許証を失ったとき。

答 3

問題 14　無線従事者が電波法に基づく命令に違反したとき、総務大臣から受けることがある処分は、次のどれか。
1. 無線従事者国家試験の受験停止　　2. 6箇月間の業務の従事停止
3. 無線従事者の免許の取消し　　　　4. 無線設備の操作範囲の制限

答 3

問題 15　無線従事者が、総務大臣から 3 か月以内の期間を定めて無線通信の業務に従事することを停止されることがあるのは、次のどの場合か。
1. 免許状を失ったとき。　　　　2. 電波法の規定に違反したとき。
3. 免許証を失ったとき。　　　　4. 無線局の運用を休止したとき。

答 2

〔総務大臣への報告〕

問題 16　無線局の免許人が、非常通信を行ったとき、電波法の規定により、とらなければならない措置は、次のどれか。
1. 中央防災会議会長に届け出る。　　2. 市町村長に連絡する。
3. 都道府県知事に通知する。　　　　4. 総務大臣に報告する。

解説　無線局の免許人は、次に掲げる場合は、総務省令で定める手続きにより**総務大臣に報告しなければならない。**（法 80 条）
(1)　**非常通信等を行ったとき。**
(2)　**電波法に違反して運用した無線局を認めたとき。**
(3)　**電波法に基づく命令の規定に違反して運用した無線局を認めたとき。**

注意　解説の (2) と (3) をまとめると、「電波法又は電波法に基づく命令の規定に違反した無線局を認めたとき」になります。

答 4

問題 17　無線局の免許人は、非常通信を行ったとき、電波法の規定によりどの措置をとらなければならないか、正しいものを次のうちから選べ。
1. 総務省令で定める手続により、総務大臣に報告する。
2. 適宜の方法により、都道府県知事に連絡する。
3. 総務大臣に届け出て事後承認を受ける。
4. 文書により、中央防災会議会長に届け出る。

答 1

問題 18 免許人は、電波法に違反して運用した無線局を認めたとき、電波法の規定により、どうしなければならないか、正しいものを次のうちから選べ。
1. 総務大臣に報告する。
2. その無線局の免許人を告発する。
3. その無線局の免許人にその旨を通知する。
4. その無線局の電波の発射を停止させる。

答 1

問題 19 電波法に基づく命令に違反して運用した無線局を認めたとき、電波法の規定により免許人がとらなければならない措置は、次のどれか。
1. その無線局の免許人を告発する。
2. その無線局の電波の発射を停止させる。
3. 総務省令で定める手続により総務大臣に報告する。
4. その無線局の免許人にその旨を通知する。

答 3

〔電波利用料の徴収〕

問題 20 アマチュア局の免許人は、無線局の免許を受けた日から起算してどれほどの期間内に、また、その後毎年その免許の日に応当する日（応当する日がない場合は、その翌日）から起算してどれほどの期間内に電波法の規定により電波利用料を納めなければならないか、正しいものを次のうちから選べ。
1. 10日以内
2. 30日以内
3. 2か月以内
4. 3か月以内

解説 免許人は、電波利用料として、無線局の免許の日から起算して **30日以内**及びその後毎年その免許の日に応当する日（応当する日がない場合は、その翌日、以下「応当日」という。）から起算して **30日以内**に、当該無線局の免許の日又は応当日から始まる各1年の期間について、電波法に定める金額（アマチュア局の場合は、年額300円）を国に納めなければならない。（法103条の2第1項）

答 2

§7　業務書類

〔免許状の備え付け〕

問題　1　移動するアマチュア局（人工衛星に開設するものを除く。）の免許状は、どこに備え付けておかなければならないか、正しいものを次のうちから選べ。

1. 受信装置のある場所
2. 無線設備の常置場所
3. 免許人の住所
4. 無線局事項書の写しを保管している場所

解説　移動するアマチュア局（人工衛星に開設するものを除く。）にあっては、その**無線設備の常置場所に免許状を備え付け**なければならない。（施行38条3項）

答　2

〔免許状の返納〕

問題　2　免許人が免許状を破損したために免許状の再交付を受けたとき、旧免許状をどうしなければならないか、正しいものを次のうちから選べ。

1. 保管しておく。
2. 速やかに廃棄する。
3. 遅滞なく返納する。
4. 1箇月以内に返納する。

解説　免許人は、免許状の再交付を受けたときは、**遅滞なく**旧免許状を**返納しなければ**ならない。ただし、免許状を失った等のためにこれを返すことができない場合は、この限りでない。（免則23条2項）

答　3

問題　3　無線局の免許がその効力を失ったとき、免許人であった者は、その免許状をどうしなければならないか、電波法に規定するものを次のうちから選べ。

1. 適当な方法で保管しておく。
2. 10日以内に返納する。
3. 直ちに返納する。
4. 1箇月以内に返す。

解説 免許が効力を失ったときは、免許人であった者は、**1箇月以内にその免許状を返納**しなければならない。(法24条)

答 4

問題 4　無線局の免許がその効力を失ったとき、免許人であった者は、その免許状をどうしなければならないか。正しいものを次のうちから選べ。
1. 無線従事者免許とともに1年間保存しておかなければならない。
2. 1箇月以内に返納しなければならない。
3. 速やかに破棄しなければならない。
4. 3箇月以内に返納しなければならない。

答 2

問題 5　免許人が1箇月以内に免許状を返納しなければならない場合に該当しないのは、次のどれか。
1. 無線局を廃止したとき。
2. 臨時に電波の発射の停止を命じられたとき。
3. 無線局の免許を取り消されたとき。
4. 無線局の免許の有効期間が満了したとき。

解説 ①　問題3の解説参照。
②　「免許がその効力を失ったとき」とは、次のような場合です。
　(1)　無線局を廃止したとき。(法23条)
　(2)　無線局の免許の有効期間が満了したとき。(法13条)
　(3)　無線局の免許を取り消されたとき。

答 2

問題 6　免許人が免許状を1箇月以内に返納しなければならない場合は、次のどれか。
　1. 無線局の運用を休止したとき。　　2. 無線局の免許がその効力を失ったとき。
　3. 免許状を破損し又は汚したとき。　　4. 無線局の運用の停止を命じられたとき。

答 2

§8 無線通信規則

〔用語の定義〕

問題 1 次の記述は、無線通信規則に規定する「アマチュア業務」の定義である。□□□□内に入れるべき字句を下の番号から選べ。

アマチュア、すなわち、□□□□、専ら個人的に無線技術に興味をもち、正当に許可された者が行う自己訓練、通信及び技術研究のための無線通信業務

1. 通信手段の不足を補うため
2. 金銭上の利益のためでなく
3. 教育活動において利用するため
4. 福祉活動において利用するため

解説 「アマチュア、すなわち、**金銭上の利益のためでなく**、専ら個人的に無線技術に興味をもち、正当に許可された者が行う自己訓練、通信及び技術研究のための無線通信業務。（無線通信規則 1.56）

答 2

問題 2 次の記述は、無線通信規則に規定する「アマチュア業務」の定義である。□□□□内に入れるべき字句を下の番号から選べ。

アマチュア、すなわち、金銭上の利益のためでなく、専ら個人的に無線技術に興味をもち、正当に許可された者が行う□□□□及び技術研究のための無線通信業務

1. 通信練習、運用
2. 自己訓練、通信
3. 通信操作
4. 趣味

答 2

問題 3 次の記述は、無線通信規則に規定する「アマチュア業務」の定義である。□□□□内に入れるべき字句を下の番号から選べ。

アマチュア、すなわち、金銭上の利益のためでなく、専ら個人的に無線技術に興味をもち、正当に許可された者が行う自己訓練、通信及び□□□□のための

無線通信業務
1.　技術研究
2.　科学調査
3.　科学技術の向上
4.　技術の進歩発達

答 1

問題 4　次の記述は、無線通信規則に規定する「アマチュア業務」の定義である。
　　　　内に入れるべき字句を下の番号から選べ。
　アマチュア、すなわち、金銭上の利益のためでなく、専ら　　　　　　、正当に
許可された者が行う自己訓練、通信及び技術研究のための無線通信業務
1.　個人的に無線技術に興味をもち
2.　災害時における通信手段の確保のため
3.　教育活動の一環として
4.　福祉活動の一環として

答 1

問題 5　次の記述は、無線通信規則に規定する「アマチュア業務」の定義である。
　　　　内に入れるべき字句を下の番号から選べ。
　アマチュア、すなわち、金銭上の利益のためでなく、専ら個人的に無線技術に
興味をもち、　　　　　　が行う自己訓練、通信及び技術研究のための無線通信業
務
1.　無線機器を所有する者
2.　相当な知識を有する者
3.　相当な技能を有する者
4.　正当に許可された者

答 4

〔周波数分配のための世界の地域的な区分〕

問題 6　無線通信規則では、周波数分配のため、世界を地域的に区分しているが、
日本は次のどれに属するか。
1.　第一地域
2.　第二地域
3.　第三地域
4.　第四地域

解説 周波数の分配のため、次図に示し、かつ、第5.3号から第5.9号までに定めるとおり、世界を次の三つの地域に区分する。（無線通信規則5.2）

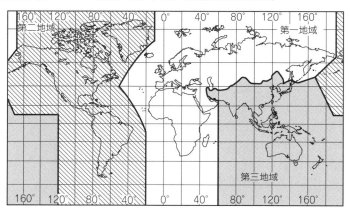

答 3

〔アマチュア業務に分配されている周波数帯〕

問題 7　無線通信規則の周波数分配表において、アマチュア業務に分配されている周波数帯は、次のどれか。
1. 2,850kHz 〜 3,200kHz
2. 3,200kHz 〜 3,450kHz
3. 4,700kHz 〜 5,700kHz
4. 7,000kHz 〜 7,200kHz

解説 無線通信規則の周波数分配表において、アマチュア業務に分配されている周波数帯（抜すい）は、次表のとおりです。

7000kHz 〜 7,200kHz
18,068kHz 〜 18,168kHz
21,000kHz 〜 21,450kHz
28MHz 〜 29.7MHz
50MHz 〜 54MHz
144MHz 〜 146MHz

答 4

問題 8　無線通信規則の周波数分配表において、アマチュア業務に分配されている周波数帯は、次のどれか。
1. 6,765kHz 〜 7,000kHz
2. 7,000kHz 〜 7,200kHz
3. 7,300kHz 〜 7,400kHz
4. 7,400kHz 〜 7,450kHz

答 2

問題 9　無線通信規則の周波数分配表において、アマチュア業務に分配されている周波数は、次のどれか。
1. 3,400kHz 〜 3,500kHz
2. 7,300kHz 〜 7,600kHz
3. 18,052kHz 〜 18,068kHz
4. 21,000kHz 〜 21,450kHz

答 4

問題 10　無線通信規則の周波数分配表において、アマチュア業務に分配されている周波数帯は、次のどれか。
1. 3,200kHz 〜 3,450kHz
2. 6,765kHz 〜 7,000kHz
3. 18,068kHz 〜 18,168kHz
4. 21,450kHz 〜 21,850kHz

答 3

問題 11　無線通信規則の周波数分配表において、アマチュア業務に分配されている周波数帯は、次のどれか。
1. 21.000MHz 〜 21.450MHz
2. 47MHz 〜 50MHz
3. 75.2MHz 〜 87.5MHz
4. 108MHz 〜 137MHz

答 1

問題 12　無線通信規則の周波数分配表において、アマチュア業務に分配されて
いる周波数帯は、次のどれか。
1. 28MHz ～ 29.7MHz
2. 47MHz ～ 50MHz
3. 75.2MHz ～ 87.5MHz
4. 108MHz ～ 137MHz

答 1

問題 13　無線通信規則の周波数分配表において、アマチュア業務に分配されて
いる周波数帯は、次のどれか。
1. 42MHz ～ 46MHz
2. 46MHz ～ 50MHz
3. 50MHz ～ 54MHz
4. 54MHz ～ 58MHz

答 3

問題 14　無線通信規則の周波数分配表において、アマチュア業務に分配されて
いる周波数帯は、次のどれか。
1. 108MHz ～ 143.6MHz
2. 144MHz ～ 146MHz
3. 154MHz ～ 174MHz
4. 235MHz ～ 267MHz

答 2

〔混信の防止〕

問題 15　次に掲げるもののうち、無線通信規則の規定に照らし、アマチュア局
に禁止されていない伝送は、どれか。
1. 不要な伝送

  2. 略語による伝送

  3. 虚偽の信号の伝送

  4. まぎらわしい信号の伝送

解説 すべての局は、**不要な伝送、過剰な信号の伝送、虚偽の又はまぎらわしい信号の伝送**、識別表示のない信号の伝送を禁止する。(無線通信規則 15.1)

答 2

問題 16　次の記述は、混信に関する無線通信規則の規定である。[＿＿＿＿＿]内に入れるべき字句を下の番号から選べ。

  送信局は、業務を満足に行うため必要な[＿＿＿＿＿]電力でふく射する。

  1. 最小限の　　　　　　　　　　　2. 最大限の

  3. 適当に制限した　　　　　　　　4. 自由に決定した

解説 送信局は、業務を満足に行うため**必要な最小限**の電力で輻射する。(無線通信規則 15.2)

答 1

問題 17　無線通信規則では、送信局は、業務を満足に行うためどのような電力でふく射しなければならないと定めているか、正しいものを次のうちから選べ。

  1. 相手局の要求する電力　　　　　2. 適当に制限した電力

  3. 必要な最大限の電力　　　　　　4. 必要な最小限の電力

答 4

〔違反の通告〕

問題 18　国際電気通信連合憲章、国際電気通信連合条約又は無線通信規則に違反する無線局を認めた局は、どうしなければならないか、正しいものを次のうちから選べ。

  1. 違反を認めた局の属する国の主管庁に報告する。

  2. 違反した局の属する国の主管庁に報告する。

  3. 違反した局に通報する。

  4. 国際電気通信連合に報告する。

解説 国際電気通信連合憲章、国際電気通信連合条約又は国際電気通信連合憲章に規定する無線通信規則の**違反を認めた局**は、**違反を認めた局の属する国の主管庁に報告**する。（無線通信規則 15.19）

答 1

〔局の識別〕

問題 19　次の記述は、局の識別に関する無線通信規則の規定である。│￣￣￣│内に入れるべき字句を下の番号から選べ。

　　虚偽の又は│￣￣￣│識別表示を使用する伝送は、すべて禁止する。

1. 適当でない　　　　　　　　　2. いかがわしい
3. まぎらわしい　　　　　　　　4. 割り当てられていない

解説 虚偽の又は**まぎらわしい**識別表示を使用する伝送は、すべて禁止する。（無線通信規則 19.2）

答 3

問題 20　次の記述は、局の識別について、無線通信規則の規定に沿って述べたものである。│￣￣￣│内に入れるべき字句を下の番号から選べ。

　　アマチュア業務においては、│￣￣￣│は、識別信号を伴うものとする。

1. 異なる国のアマチュア局相互間の伝送
2. 連絡設定における最初の呼出し及び応答
3. すべての伝送
4. モールス無線電信による異なる国のアマチュア局相互間の伝送

解説 アマチュア業務においては、すべての伝送は、識別信号を伴うものとする。（無線通信規則 19.4、19.5）

答 3

〔アマチュア業務〕

問題 21　無線通信規則では、アマチュア局は、その伝送中自局の呼出符号をどのように伝送しなければならないと規定しているか、正しいものを次のうちから選べ。

1. 短い間隔で伝送しなければならない
2. 始めと終わりに伝送しなければならない
3. 適当な時に伝送しなければならない
4. 伝送の中間で伝送しなければならない

解説 アマチュア局は、その伝送中、**短い間隔**で自局の呼出符号を伝送しなければならない。（無線通信規則 25.9）

答 1

問題 22　次の記述は、アマチュア局における呼出符号の伝送について、無線通信規則の規定に沿って述べたものである。[＿＿＿＿]内に入れるべき字句を下の番号から選べ。

　アマチュア局は、その伝送中[＿＿＿＿]自局の呼出符号を伝送しなければならない。

1. 短い間隔で
2. 30分ごとに
3. 必要により随時
4. 通信状態を考慮して適宜の間隔で

答 1

問題 23　次の記述は、国際電気通信連合憲章等の一般規定のアマチュア業務への適用について、無線通信規則の規定に沿って述べたものである。[＿＿＿＿]内に入れるべき字句を下の番号から選べ。

　国際電気通信連合憲章、国際電気通信連合条約及び無線通信規則の[＿＿＿＿]一般規定は、アマチュア局に適用する。

1. すべての
2. 運用に関する
3. 技術特性に関する
4. 混信を回避するための措置に関する

解説 国際電気通信連合憲章、国際電気通信連合条約及び無線通信規則の**すべて**の一般規定は、アマチュア局に適用する。（無線通信規則 25.8）

答 1

§9　モールス符号

　「法規」の試験問題は、16問が出題されそのうちの2問はモールス符号の理解度を確認する問題が出題されています。したがって、欧文のA～Zのアルファベット26文字、数字の1～0のモールス符号を覚える必要があります。

　この章では、まずモールス符号全般について解説し、その後に既出問題を紹介します。

解説

1.　欧文のモールス符号

　　欧文のモールス無線電信による通信（モールス無線電信通信）には、**表1**の欧文文字及び数字のモールス符号を用いなければならない。（運用12条）

2.　モールス符号の線及び間隔

　　モールス符号は、点と線で構成され、符号の線及び間隔は次のとおりとする。（運用別表第1号注）

　　①　一線の長さは、三点に等しい（**図1**(**a**)参照）。

　　②　一符号を作る各線または点の間隔は、一点に等しい（**図1**(**b**)参照）。

　　③　二符号の間隔は、三点に等しい（**図1**(**c**)参照）。

　　④　二語の間隔は、七点に等しい（**図1**(**d**)参照）。

3.　モールス無線電信通信に使用する文字の上に線を付した略符号は、その全部を1符号として送信するモールス符号とする。（運用別表2号2(1)注2）

　（例）「AS」の略符号は、「送信の待機を要求する符号」の意義をもっており、モールス符号・－(A)と・・・(S)の全部を1符号（・－・・・）のモールス符号として送信します。

図1　モールス符号の構成

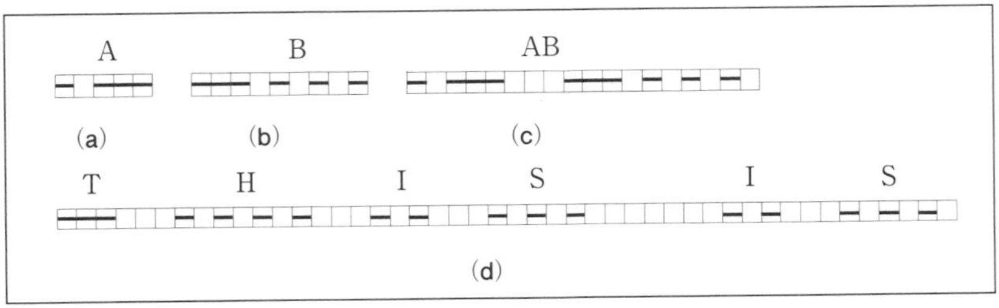

表1　欧文文字及び数字のモールス符号

① 文字				② 数字	
A	·—	N	—·	1	·————
B	—···	O	———	2	··———
C	—·—·	P	·——·	3	···——
D	—··	Q	——·—	4	····—
E	·	R	·—·	5	·····
F	··—·	S	···	6	—····
G	——·	T	—	7	——···
H	····	U	··—	8	———··
I	··	V	···—	9	————·
J	·———	W	·——	0	—————
K	—·—	X	—··—	③ 記号（抜粋）	
L	·—··	Y	—·——	?　問符	··——··
M	——	Z	——··		

（注）無線電信通信の業務用語は、運用規則別表2号に定める略符号（Q符号及びその他の略符号）を使用するものとする。（運用13条）

問題1　4MUSEN をモールス符号で表したものは、次のどれか。

1. —···· ——· ··— ··· · —·
2. —···· —— ··— ··· · —··
3. ····— ——· ··— · —··
4. ····— —— ··— ··· · —·

（注）モールス符号の点、線の長さ及び間隔は、簡略化してある。

答 4

問題2　5VHIBFYA をモールス符号で表したものは、次のどれか。

1. ····· ···— ···· ·· —··· ··—· —·—— ·—
2. ····· ···— ····— ···· · —··· ··—· —·—— ·—
3. ————— ···· ···· —··· —·—— ·—
4. ————— ···— ····— ···· ··—· —·—— ·—

> (注)モールス符号の点、線の長さ及び間隔は、簡略化してある。

答 2

問題 3　ONTAKE4 をモールス符号で表したものは、次のどれか。
1.　－－－　－・　－　・－　－・－　・　・・・・－
2.　－－－　－・　－－　・－　－・－－　・　・・・・－
3.　－－－　－・　－－　・－　－・－　・　－・・・・
4.　－－－　－・　－　・－　－・－－　・　－・・・・
(注)モールス符号の点、線の長さ及び間隔は、簡略化してある。

答 1

問題 4　3SIGRWL をモールス符号で表したものは、次のどれか。
1.　・・・－－　・・・　・・　・－－　・－・　・－－　・－・・
2.　・・・－－　・・・　・・　－－・　・－・　・－－　・－・・
3.　－・・・　・・・　・・　・－－　・－・　・－－　・－・・
4.　－・・・　・・・　・・　－－・　・－・　・－－　・－・・
(注)モールス符号の点、線の長さ及び間隔は、簡略化してある。

答 2

問題 5　OTARU1 をモールス符号で表したものは、次のどれか。
1.　－－－　－　・－　・－・　・・・－　－－－－・
2.　－－－　－　・－　・－－・　・・－　－－－－・
3.　－－－　－　・－・　・・－　・－－－　
4.　－－－　－　・－　・－・－　・・・－　・－－－－
(注)モールス符号の点、線の長さ及び間隔は、簡略化してある。

答 3

問題 6　8DENJIHW をモールス符号で表したものは、次のどれか。
1.　・・・－－　－・・　・　－・　－・－－　・・　・・・・　・－－
2.　・・・－－　－・・　・　－－　・－－－　・・　・・・・　・－－

—180—

3.　−−・・　−・・　・　−−　−・−−　・・　・・・・　・−−
4.　−−・・　−・・　・　−・　・−−−　・・　・・・・　・−−

(注)モールス符号の点、線の長さ及び間隔は、簡略化してある。

答 4

問 題 7　3ISEWAN をモールス符号で表したものは、次のどれか。
1.　−−・・・　・・　・・・　・　・・・−　・−　−・
2.　−−・・・　・・　・・・・　・　・−−　・−　−・
3.　・・・−−　・・　・・・・　・　・−−　・−　−・
4.　・・・−−　・・　・・・・　・　・・・−　・−　−・

(注)モールス符号の点、線の長さ及び間隔は、簡略化してある。

答 3

問 題 8　9PCMURO をモールス符号で表したものは、次のどれか。
1.　・−−−−　・−−・　−・−・　−−　・・−　−−・　−−−
2.　・−−−−　・−−・　−・−・　−　・・−　・−・　−−−
3.　−−−−・　・−−・　−・−・　−　・・−　・−・　−−−
4.　−−−−・　・−−・　−・−・　−−　・・−　・−・　−−−

(注)モールス符号の点、線の長さ及び間隔は、簡略化してある。

答 4

問 題 9　3DENPA をモールス符号で表したものは、次のどれか。
1.　・・・−−　−・・　・　−・　・−−・　・−
2.　・・・−−　−・・　・　−・　・−−　・−
3.　−−−・・　−・・　・　−・　・−−　・−
4.　−−−・・　−・・・　・　−・　・−−・　・−

(注)モールス符号の点、線の長さ及び間隔は、簡略化してある。

答 1

問 題 10　7FUJISVN をモールス符号で表したものは、次のどれか。

1.　　・・－－　　・・－・　　・－・　　・－－　　・・　　・・・　　・・・－　　－・
2.　　・・－－　　・・－・　　・・－　　・－－　　・・　　・・・　　・・・－　　－・
3.　　－－・・　　・・－・　　・－・　　・－－　　・・　　・・・・　　・・・－　　－・
4.　　－－・・　　・・－・　　・・－　　・－－　　・・　　・・・　　・・・－　　－・

(注)モールス符号の点、線の長さ及び間隔は、簡略化してある。

答 4

問 題 11　4GENKAI をモールス符号で表したものは、次のどれか。
1.　　・・・・－　　・－・・　　・　　－・　　－・・　　・－　　・・・
2.　　・・・・－　　－－・　　・　　－・　　－・・　　・－　　・・
3.　　－・・・　　・－－　　・　　－・　　－・・　　・－　　・・
4.　　－・・・　　－－・　　・　　－・　　－・・　　・－　　・・・

(注)モールス符号の点、線の長さ及び間隔は、簡略化してある。

答 2

問 題 12　7CRDTOU をモールス符号で表したものは、次のどれか。
1.　　－－・・　　－・－・　　・－・　　－・・　　－　　－－－　　・・－
2.　　－－・・　　－・－・　　・－・　　－・・　　－－　　－－－　　・・・－
3.　　・・－－　　－・－・　　・－・　　－・・　　－－　　－－－　　・・－
4.　　・・・－－　　・－・　　・－・　　－・・　　－　　－－－　　・・・－

(注)モールス符号の点、線の長さ及び間隔は、簡略化してある。

答 1

問 題 13　2ZATUON をモールス符号で表したものは、次のどれか。
1.　　・・－－－　　－－・　　・－　　－　　・－・　　－－－　　－・
2.　　・・－－－　　－－・・　　・－　　－　　・・－　　－－－　　－・
3.　　－－－・・　　・－・　　・－　　・・－　　－－－　　－・
4.　　－－－・・　　－－・・　　・－　　－　　・－・　　－－－　　－・

(注)モールス符号の点、線の長さ及び間隔は、簡略化してある。

答 2

問 題　14　6MIYCKX をモールス符号で表したものは、次のどれか。

1.　　－・・・・　－－　・・　－・－－　－・－・　－・－　－・・－
2.　　－・・・・　・－－　・・　－－・－　－・－・　・－・　－・・－
3.　　・－－－－　・－－　・・　－・－－　－・－・　－・－　－・・－
4.　　・－－－－　－－　・・　－－・－　－・－・　－・－　－・・－

(注)モールス符号の点、線の長さ及び間隔は、簡略化してある。

答 1

問 題　15　2DAISEN をモールス符号で表したものは、次のどれか。

1.　　・・－－－　－・・・　・－　・・　・・・・　・　－・
2.　　・・－－－　－・・　・－　・・　・・・　・　－・
3.　　－－－・・　－・・　・－　・・　・・・　・　－・
4.　　－－－・・　－・・・　・－　・・　・・・　・　－・

(注)モールス符号の点、線の長さ及び間隔は、簡略化してある。

答 2

問 題　16　5YXKUMO をモールス符号で表したものは、次のどれか。

1.　　－－－－－　－・－－　－・・－　－・－・　・・－　－－　－－－
2.　　－－－－－　－・－－　－・・－　－・－　・・－　－－　－－・
3.　　・・・・・　－・－－　－・・－　－・－・　・・－　－－　－－・
4.　　・・・・・　－・－－　－・・－　－・－　・・－　－－　－－－

(注)モールス符号の点、線の長さ及び間隔は、簡略化してある。

答 4

問 題　17　6TENDOU をモールス符号で表したものは、次のどれか。

1.　　－・・・・　－　・　－・　－・・　－－－　・・－
2.　　－・・・・　－　・　・－・・　－・・　－－－　・－・
3.　　・・・・－　－　・　－・　－・・　－－－　・・－
4.　　・・・・－　－　・　－・　－・・　－－－　・－・

(注)モールス符号の点、線の長さ及び間隔は、簡略化してある。

—183—

答 1

問題 18　3MIGJBV をモールス符号で表したものは、次のどれか。

1.　　－・・・　－－　・・　－－・　・－－　－・・・　・・・－
2.　　－・－－　－－　・・・　－－・　・－－－　－・・・　・・・－
3.　　・・・－－　－－　・・　－－・　・－－－　－・・・　・・・－
4.　　・・・－－　－－　・・・　－－・　・－－　－・・・　・・－－

(注)モールス符号の点、線の長さ及び間隔は、簡略化してある。

答 3

問題 19　2EBISU をモールス符号で表したものは、次のどれか。

1.　　・・－－－　－・　－・　・・　・・・　・・－
2.　　・・－－　・　－・・・　・・　・・・　・・－
3.　　－－・・　・　－・　・・　・・・　・・－
4.　　－－・・　－・　－・・・　・・　・・・　・・－

(注)モールス符号の点、線の長さ及び間隔は、簡略化してある。

答 2

問題 20　9KFZHWRO をモールス符号で表したものは、次のどれか。

1.　　－－－－・　－・－　・・－・　－－・・　・・・・　・－－　・－・　－－－
2.　　－－－－・　－・－　・・－・　－－・・　・・・・　・－－　・－・　－－
3.　　・－－－－　－・－　・・－・　－－・・　・・・・　・－－　・－・　－－
4.　　・－－－－　－・－・　・・－・　－－・・　・・・・　・－－　・－・　－－－

(注)モールス符号の点、線の長さ及び間隔は、簡略化してある。

答 1

問題 21　2AGIRO をモールス符号で表したものは、次のどれか。

1.　　－－・・・　・－　－・　・・　・－・　－－－
2.　　－－・・・　・－　－－・　・・　・－・　・－－－
3.　　・・－－－　・－　－・　・・　・－・　－－－
4.　　・・－－－　・－　－－・　・・　・－・　－－－

(注)モールス符号の点、線の長さ及び間隔は、簡略化してある。

答 4

問題 22　QVXMZBE8 をモールス符号で表したものは、次のどれか。
1.　　－－・－　　・・・－　　－・・－　　－－　　－－・・　　－・・・　　・　　－－－・・
2.　　－・－・　　・・・－　　－・－　　－－　　－－・・　　－・・・　　・　　－－－・・
3.　　－－・－　　・・・－　　－・・－　　－－　　－－・・　　－・・・　　・　　・・・－
4.　　－－・－　　・・・－　　－・・－　　－－　　－－・・　　－・・・　　・　　・・・－

(注)モールス符号の点、線の長さ及び間隔は、簡略化してある。

答 1

問題 23　ENIWA4 をモールス符号で表したものは、次のどれか。
1.　　・　　－・　　・・　　・－－　　・－　　・・・・－
2.　　・　　－－・　　・・　　・－－・　　・－　　・・・・－
3.　　・　　－－・　　・・　　・－－・　　・－　　－－－－・
4.　　・　　－・　　・・　　・－－・　　・－　　－－－－・

(注)モールス符号の点、線の長さ及び間隔は、簡略化してある。

答 1

問題 24　7KUSHYRO をモールス符号で表したものは、次のどれか。
1.　　・・・－－　　－・－　　・・－　　・・・　　・・・・　　－・－－　　・－・　　・－－－
2.　　・・・－－　　－・－　　・・－　　・・・　　・・・・　　－－・－　　・－・　　－－－
3.　　－－・・・　　－・－　　・・－　　・・・　　・・・・　　－－・－　　・－・　　・－－－
4.　　－－・・・　　－・－　　・・－　　・・・　　・・・・　　－・－－　　・－・　　－－－

(注)モールス符号の点、線の長さ及び間隔は、簡略化してある。

答 4

問題 25　OWASE3 をモールス符号で表したものは、次のどれか。
1.　　－－－　　・－・　　・－　　・・・　　・　　－－－・・
2.　　・－－－　　・－・　　・－　　・・・　　・　　－－－・・

3.　　－－－　・－－　・－　・・・　・　・・・－－

4.　　・－－－　・－・　・－　・・・　・　・・・－－

(注)モールス符号の点、線の長さ及び間隔は、簡略化してある。

答 3

問題 26　THIMPDC5 をモールス符号で表したものは、次のどれか。

1.　　－　・・・・　・・　－－　・－－・　－・・　－・－・　・・・・・

2.　　－　・・・・　・・　－－・　・－－・　－・・　－・－　・・・・・

3.　　・　・・・・　・・　－－　・－・・　・－・・　－・－・　－－－－－

4.　　－　・・・・　・・　－－　・－－・　－・・　－・－　－－－－－

(注)モールス符号の点、線の長さ及び間隔は、簡略化してある。

答 1

問題 27　EBINA4 をモールス符号で表したものは、次のどれか。

1.　　・　－・・　・・　・－・　・－　・・・・－

2.　　・　－・・・　・・　－・　・－　・・・・－

3.　　・　－・・　・・　－・　・－　－・・・・

4.　　・　－・・・　・・　・－・　・－　－・・・・

(注)モールス符号の点、線の長さ及び間隔は、簡略化してある。

答 2

問題 28　TUSHLMZ7 をモールス符号で表したものは、次のどれか。

1.　　－　・・－　・・・　・・・・　・－・・　－－　－－・・　・・－－－

2.　　－　・・－・　・・・　・・・・　・－・・　－－　－－・・　・・－－－

3.　　－　・・－・　・・・　・・・・　・－・・　－－・　－－・・　－－・・・

4.　　－　・・－　・・・　・・・・　・－・・　－－　－－・・　－－・・・

(注)モールス符号の点、線の長さ及び間隔は、簡略化してある。

答 4

第4級アマチュア無線技士

［Ⅲ］ 模擬試験問題集

国家試験の概要

　第4級ハム国家試験は、法規12問、無線工学12問の合計24問が出題され、試験時間は合計で1時間、試験問題形式は多肢選択式の4つの答えのうちから1つを選択して、マークシートの正解番号を塗りつぶす方式です。

　採点基準は、法規、無線工学とも1問5点、満点は各60点、合格点はそれぞれ40点以上なので、法規、無線工学とも8問以上の正解が必要です。なお、第4級ハム国家試験では、「科目合格」はありませんので、法規、無線工学とも40点以上の合格点が必要です。

　出題範囲と出題数は下表を参照してください。

法規		無線工学			
出 題 範 囲	問題数	出 題 範 囲	問題数	出 題 範 囲	問題数
無線局の免許	2	無線工学の基礎	1	**電波障害**	2
無線設備	1	電子回路	1	**電　源**	1
無線従事者	1	**送信機**	2	空中線系	1
運　用	5	**受信機**	2	電波伝搬	1
業務書類	1			**無線測定**	1
監　督	2				
合　計	12問	合　計			12問

法　　　規

〔1〕アマチュア局（人工衛星等のアマチュア局を除く。）の再免許の申請の期間は、免許の有効期間満了前いつからいつまでか。次のうちから選べ。

1. 6か月以上1年を超えない期間
2. 3か月以上6か月を超えない期間
3. 2か月以上6か月を超えない期間
4. 1か月以上1年を超えない期間

　答 4　☞123ページ参照

〔2〕総務大臣又は総合通信局長（沖縄総合通信事務所長を含む。）が無線局の再免許の申請を行った者に対して、免許を与えるときに指定する事項はどれか。次のうちから選べ。

1. 電波の型式及び周波数
2. 空中線の型式及び構成
3. 無線設備の設置場所
4. 通信の相手方

　答 1　☞124ページ参照

〔3〕単一チャネルのアナログ信号で周波数変調した電話の電波の型式を表示する記号は、次のどれか。

1. J3E
2. A3E
3. F3E
4. F3F

　答 3　☞127ページ参照

〔4〕第四級アマチュア無線技士が操作を行うことができる無線設備は、どの周波数の電波を使用するものか。次のうちから選べ。

1. 21メガヘルツ以下
2. 21メガヘルツ以上又は8メガヘルツ以下
3. 8メガヘルツ以上
4. 8メガヘルツ以上21メガヘルツ以下

　答 2　☞132ページ参照

〔5〕無線局の免許を取り消されることがあるのは、次のどのときか。

1. 不正な手段により無線局の免許を受けたとき。
2. 免許状に記載された目的の範囲を超えて運用したとき。
3. 免許人が1年以上の期間日本を離れたとき。
4. 免許人が免許人以外の者のために無線局を運用させたとき。

　答 1　☞164ページ参照

〔6〕アマチュア局の免許人が行った通信のうち総務大臣に報告しなければならないと電波法で規定されているものは、次のどれか。

1. 宇宙無線通信
2. 非常通信
3. 無線設備の試験又は調整をするための通信
4. 国際通信

　答 2　☞166ページ参照

法　　　規

〔7〕アマチュア局の行う通信における暗語の使用について、電波法に定められているものは、次のどれか。

1. 相手局の同意がない限り暗語を使用してはならない。
2. 必要に応じ暗語を使用することができる。
3. 承認を得た暗語を使用できる。
4. 暗語を使用してはならない。

　　答 4　☞ 138 ページ参照

〔8〕無線局の免許がその効力を失ったときは、免許人であった者は、その免許状をどうしなければならないか。次のうちから選べ。

1. 直ちに廃棄する。
2. 3か月以内に返納する。
3. 1か月以内に返納する。
4. 2年間保管する。

　　答 3　☞ 168 ページ参照

〔9〕無線局は、自局の呼び出しが他の既に行われている通信に混信を与える旨の通知を受けたときは、どのようにしなければならないか。次のうちから選べ。

1. 混信の度合いが強いときに限り、直ちにその呼出しを中止する。
2. 空中線電力を小さくして、注意しながら呼出しを行う。
3. 中止の要求があるまで呼出しを反復する。
4. 直ちにその呼出しを中止する。

　　答 4　☞ 150 ページ参照

〔10〕次の「　　　」内は、アマチュア局が無線電話により応答する場合に順次送信する事項であるが、□□□内に入れるべき字句を下の番号から選べ。

「 1　相手局の呼出符号　　　□□□
　 2　こちらは　　　　　　　1回
　 3　自局の呼出符号　　　　1回」

1. 3回以下
2. 5回
3. 10回以下
4. 数回

　　答 1　☞ 147 ページ参照

〔11〕アマチュア局が無線機器の試験又は調整のため電波を発射する場合において、「本日は晴天なり」の連続及び自局の呼出符号の送信は、必要があるときを除き、何秒間を超えてはならないか。次のうちから選べ。

1. 　5秒間
2. 　10秒間
3. 　20秒間
4. 　30秒間

　　答 2　☞ 157 ページ参照

〔12〕無線電話通信において、通報を確実に受信したときに使用する略語は、次のどれか。

1. 受信しました
2. 「了解」又は「OK」
3. ありがとう
4. 終わり

　　答 2
略語・用語：通報を確実に受信したとき…「了解」または「OK」、応答に際して直ちに通報を受信するとき…「どうぞ」、通報を終わるとき…「終わり」、通信の終了…「さようなら」

〔13〕図に示す回路において、コイルのインダクタンスの値で、最も近いのは次のうちどれか。

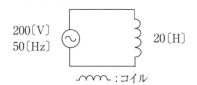

200〔V〕
50〔Hz〕
20〔H〕

〰〰〰：コイル

1. 628〔Ω〕
2. 3.14〔kΩ〕
3. 6.28〔kΩ〕
4. 9.42〔kΩ〕

答 3 ☞ 22 ページ参照

〔14〕図は、トランジスタ増幅器の $V_{BE}-I_C$ 特性曲線の一例である。特性の P 点を動作点とする増幅方式の名称として、正しいのは次のうちどれか。

I_C：コレクタ電流
V_{BE}：ベース-エミッタ
　　　間電圧

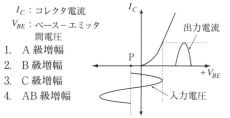

1. A 級増幅
2. B 級増幅
3. C 級増幅
4. AB 級増幅

答 3 ☞ 38 ページ問題 6 解説参照

〔15〕SSB (J3E) 送信機において、下側波帯又は上側波帯のいずれか一方のみを取り出す目的でもうけるものは、次のうちどれか。

1. 平衡変調器
2. 帯域フィルタ (BPF)
3. 周波数逓倍器
4. 周波数弁別器

答 2 ☞ 50 ページ問題 6 解説参照

〔16〕図は、間接 FM 方式の FM (F3E) 送信機の基本的な構成例を示したものである。空欄の部分に入れるべき名称の組合せで、正しいのは次のうちどれか。

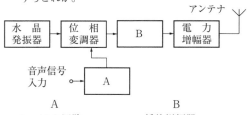

	A	B
1.	ALC 回路	緩衝増幅器
2.	IDC 回路	緩衝増幅器
3.	ALC 回路	周波数逓倍器
4.	IDC 回路	周波数逓倍器

答 4 ☞ 52 ページ問題 11 参照

〔17〕スーパヘテロダイン受信機の近接周波数に対する選択度特性に、最も影響を与えるものは、次のうちどれか。

1. 中間周波増幅器
2. 高周波増幅器
3. 周波数変換部
4. 検波器

答 1 ☞ 64 ページ問題 6 解説①参照

〔18〕SSB (J3E) 受信機において、変調波から音声信号を得るため、空欄の部分に用いるものは次のうちどれか。

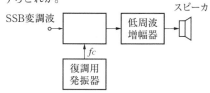

1. 中間周波増幅器
2. クラリファイヤ (又は RIT)
3. 帯域フィルタ (BPF)
4. 検波器

答 4 ☞ 67 ページ問題 12 解説①参照

〔19〕送信機で 28〔MHz〕の周波数の電波を発射したところ、FM 放送受信に混信を与えた。送信側で考えられる混信の原因で、正しいのはどれか。

1. $\frac{1}{3}$ 倍の低調波が発射されている。
2. 同軸給電線が断線している。
3. スケルチを強くかけすぎている。
4. 第３高調波が強く発射されている。

答 4

高調波による電波障害：送信波の 2 倍、3 倍の高調波によって放送電波、業務局などに妨害を与えることがあります。

28MHz の 3 倍…84MHz は FM 放送バンドに
50MHz の 3 倍…150MHz は業務無線局に
それぞれ、妨害を与えることがあります。

〔20〕アマチュア局から発射された 435〔MHz〕帯の基本波が地デジ（地上デジタルテレビ放送 470〜710〔MHz〕）のアンテナ直下型受信ブースタに混入し電波障害を与えた。この防止対策として、地デジアンテナと受信用ブースタとの間に挿入すればよいのは、次のうちどれか。

1. ラインフィルタ　　　　2. 同軸避雷器
3. トラップフィルタ（BEF）　4. SWR メータ

答 3　☞ 77 ページ問題 14 参照

〔21〕次の記述は、リチウムイオン蓄電池の特徴について述べたものである。□□□内に入れるべき字句の組合せで、正しいのはどれか。

リチウムイオン蓄電池は、小型軽量電池 1 個当たりの端子電圧は 1.2〔V〕より│ A │。また、自然に少しずつ放電する自己放電量がニッケルカドミウム蓄電池より少なく、メモリー効果がないので、継ぎ足し充電が│ B │。

	A	B		A	B
1.	低い	できない	2.	低い	できる
3.	高い	できない	4.	高い	できる

答 4　☞ 88 ページ問題 16 解説参照

〔22〕次の記述の□□□内に入れるべき字句の組合せで、正しいのはどれか。

電波は、磁界と電界が直角になっていて、電界が│ A │と平行になっている電波を│ B │偏波といい、垂直になっている電波を│ C │偏波という。

	A	B	C
1.	アンテナ	垂直	水平
2.	大地	垂直	水平
3.	大地	水平	垂直
4.	アンテナ	水平	垂直

答 3

水平偏波と垂直偏波：磁界と電界のうち、電界が大地と平行になっている電波を水平偏波といい、電界が大地と垂直になっている電波を垂直偏波といいます。

〔23〕次の記述の□□□内に入れるべき字句の組合せで、正しいのはどれか。

電離層反射波を使用して昼間に通信が可能な場合であっても、夜間に電離層の電子密度が│ A │なり電波が突き抜ける場合は、│ B │周波数の電波に切り替えて通信を行う。

	A	B
1.	小さく	低い
2.	大きく	高い
3.	小さく	高い
4.	大きく	低い

答 1　☞ 102 ページ問題 8 解説および問題 9 参照

〔24〕内部抵抗 50〔kΩ〕の電圧計の測定範囲を 20 倍にするには、直列抵抗器（倍率器）の抵抗値をいくらにすればよいか。

1. 2.5〔kΩ〕
2. 25〔kΩ〕
3. 950〔kΩ〕
4. 1,000〔kΩ〕

答 3　☞ 109 ページ問題 7 解説参照

法　　　規

〔1〕日本の国籍を有する人が開設するアマチュア局の免許の有効期間は、次のどれか。

1. 無期限
2. 無線設備が使用できなくなるまで。
3. 免許の日から起算して5年
4. 免許の日から起算して10年

答 3　☞120ページ参照

〔2〕アマチュア局の免許人は、無線局の免許を受けた日から起算してどれほどの期間内に、また、その後毎年その免許に日に応答する日（応答する日がない場合は、その翌日）から起算してどれほどの期間内に電波法の規定により電波利用料を納めなければならないか。次のうちから選べ。

1. 10日
2. 30日
3. 2か月
4. 3か月

答 2　☞167ページ参照

〔3〕次の文は、電波法の規定であるが、□□□内に入れるべき字句を下の番号から選べ。
　「無線電話とは、電波を利用して、□□□を送り、又は受けるための通信設備をいう。」

1. 音声又は映像
2. 信号
3. 音声その他の音響
4. 符号

答 3
無線電話の定義：無線電話とは、電波を利用して、音声その他の音響を送り、又は受けるための通信設備をいう。

〔4〕次の文は、第四級アマチュア無線技士が行うことができる無線設備の操作について、電波法施行令の規定に沿って述べたものであるが、□□□内に入れるべき字句を下の番号から選べ。

　「アマチュア無線局の空中線電力10ワット以下の□□□で21メガヘルツから30メガヘルツまで又は8メガヘルツ以下の周波数の電波を使用するものの操作（モールス符号による通信操作を除く。）」

1. 無線電話
2. 無線電信
3. テレビジョン
4. 無線設備

答 4　☞132ページ参照

〔5〕無線局の免許人が非常通信を行ったとき、電波法の規定によりとらなければならない措置は、次のどれか。

1. 中央防災会議長に届け出る。
2. 市町村長に連絡する。
3. 都道府県知事に通知する。
4. 総務大臣に報告する。

答 4　☞166ページ参照

〔6〕免許人が電波法に基づく処分に違反したときに、その無線局について総務大臣から受けることがある処分は、次のどれか。

1. 周波数の制限
2. 電波の型式の制限
3. 通信の相手方の制限
4. 通信事項の制限

答 1　☞163ページ参照

法　　　規

〔7〕 アマチュア局を運用する場合において、周波数は、遭難通信を行う場合を除き、次のどれに記載されたところによらなければならないか。

1. 無線局免許申請書
2. 無線局事項書
3. 免許証
4. 免許状

答 4　☞ 136ページ参照

〔8〕 無線局は、無線設備の機器の試験又は調整を行うために運用するときには、なるべく何を使用しなければならないか。次のうちから選べ。

1. 水晶発振回路
2. 高調波除去装置
3. 疑似空中線回路
4. 空中線電力の低下装置

答 3　☞ 157ページ参照

〔9〕 免許人は、免許状に記載された事項に変更を生じたとき、とらなければならない措置は、次のどれか。

1. 免許状の変更内容を連絡して再交付を受ける。
2. 自ら免許状を訂正し承認を受ける。
3. 再免許を申請する。
4. 免許状の訂正を受ける。

答 4　☞ 122ページ参照

〔10〕 無線電話通信において、「終わり」の略語を使用することになっている場合は、次のどれか。

1. 閉局しようとするとき。
2. 通報の送信を終わるとき。
3. 周波数の変更を完了したとき。
4. 通報がないことを通知しようとするとき。

答 2　☞ 189ページ〔12〕略語・用語解説参照

〔11〕 アマチュア局は、他人の依頼による通報を送信することができるかどうか、次のうちから選べ。

1. できない。
2. やむを得ないと判断したものはできる。
3. 内容が簡単であればできる。
4. できる。

答 1　☞ 160ページ参照

〔12〕 次の文は、アマチュア局における発射の制限に関する無線局運用規則の規定であるが、□□□内に入れるべき字句を下の番号から選べ。

「アマチュア局においては、その発射の占有する周波数帯幅に含まれているいかなるエネルギーの発射も、その局が動作することを許された□□□から逸脱してはならない。」

1. 周波数
2. 周波数帯
3. 周波数の許容偏差
4. スプリアス発射の強度の許容値

答 2

アマチュア局の運用に関する特別規定：
発射の制限等…アマチュア局においては、その発射の占有する周波数帯幅に含まれているいかなるエネルギーの発射も、その局が動作することを許された周波数帯から逸脱してはならない。（運用257条）

無 線 工 学

〔13〕4〔Ω〕の抵抗に直流電圧を加えたところ、100〔W〕の電力が消費された。抵抗に加えられた電圧は幾らか。

1. 0.2〔V〕
2. 5〔V〕
3. 20〔V〕
4. 400〔V〕

答 3 ☞ 20 ページ問題 6 解説③の式から
$P = I^2R = \dfrac{E^2}{R}$ より
求める E は、
$E^2 = P \times R = 100 \times 4 = 400 = 20^2$
よって $E = 20$〔V〕

〔14〕同じ音声信号を用いて振幅変調（AM）と周波数変調（FM）をおこなったとき、AM 波と比べて FM 波の占有周波数帯幅の一般的な特徴はどれか。

1. 広い
2. 狭い
3. 同じ
4. 半分

答 1
FM 通信方式の欠点：① 占有周波数帯幅が広い. ② 信号波の強さがある程度以下になると、受信機出力の信号対雑音比が急に悪くなる（雑音が多くなる）

〔15〕無線送信機に疑似負荷を用いる目的として、正しいものはどれか。

1. 送信周波数を安定にするため
2. 調整中に電波を外部に出さないため
3. 送信機の消費電力を節約するため
4. 寄生振動を防止するため

答 2
送信機の調整：調整にアンテナを接続すると他の無線局に妨害を与えることとなるので、アンテナの代わりに擬似負荷（アンテナの給電点インピーダンスと同じ値の抵抗器）を入れます。

〔16〕SSB（J3E）送信機の構成及び各部の働きで、誤っているものはどれか。

1. 送信出力波形のひずみを軽減するため、ALC 回路を設けている。
2. 平衡変調器を設けて、搬送波を抑圧している。
3. 不要な側波帯を除去するため、帯域フィルタ（BPF）を設けている。
4. 変調波を周波数逓倍器に加えて所要の周波数を得ている。

答 4 ☞ 51 ページ問題 7 の解説および 53 ページ問題 11 の解説④および⑤参照

〔17〕受信電波の強さが変動すると、出力が不安定となる。この出力を一定に保つための働きをする回路はどれか。

1. クラリファイヤ（又は RIT）
2. スケルチ回路
3. AGC 回路
4. IDC 回路

答 3 ☞ 65 ページ問題 8 解説②および注意参照

〔18〕受信機の S メータが指示するものは、次のうちどれか。

1. 局部発振器の出力電流
2. 電源の一次電圧
3. 電源の出力電圧
4. 検波電流

答 4
DSB 受信機の付属回路：S メータ…受信信号の強さを指示するメータを S メータといいます。S メータは検波電流の大小で指示します。

無 線 工 学

〔19〕50〔MHz〕の電波を発射したところ、150〔MHz〕の電波を受信している受信機に妨害を与えた。送信機側で通常考えられる妨害の原因は、次のうちどれか。

1. 高調波が強く発射されている。
2. 送信周波数が少しずれている。
3. 同軸給電線が断線している。
4. スケルチを強くかけすぎている。

答 1 ☞ 76ページ問題11解説参照

〔20〕アマチュア局の電波が近所のラジオ受信機に電波障害を与えることがあるが、これを通常何といっているか。

1. TVI
2. BCI
3. アンプI
4. テレホンI

答 2 ☞ 72ページ問題2参照

〔21〕交流入力50〔Hz〕の全波整流回路の出力に現れる脈流の周波数は幾らか。

1. 25〔Hz〕
2. 50〔Hz〕
3. 100〔Hz〕
4. 150〔Hz〕

答 3 ☞ 83ページ問題8および解説⑤参照

〔22〕八木アンテナ（八木・宇田アンテナ）において、給電線はどの素子につなげばよいか。

1. 放射器
2. すべての素子
3. 導波器
4. 反射器

答 1 ☞ 95ページ問題10解説および96ページ問題12参照

〔23〕次の記述の　　　内に入れるべき字句の組合せで、正しいのはどれか。

電波が電離層を突き抜けるときに受ける減衰は、周波数が　A　ほど小さく、また、反射されるときに受ける減衰は、周波数が　B　ほど大きくなる。

	A	B
1.	高い	低い
2.	低い	低い
3.	低い	高い
4.	高い	高い

答 4 ☞ 103ページ問題9解説および問題10参照

〔24〕次の記述の　　　内に入れるべき字句の組合せで、正しいのはどれか。

直列抵抗器（倍率器）は　A　の測定範囲を広げるために用いられるもので、計器に　B　に接続して使用する。

	A	B
1.	電流計	並列
2.	電流計	直列
3.	電圧計	並列
4.	電圧計	直列

答 4 ☞ 109ページ問題6および108ページ問題3解説参照

法　　　規

〔1〕 アマチュア局 の免許人が、総務省令で定める場合を除き、あらかじめ総合通信局長（沖縄総合通信事務所長を含む。）の許可を受けなければならない場合は、次のどれか。

1. 無線設備の変更の工事をしようとするとき。
2. 免許状の訂正を受けようとするとき。
3. 無線局の運用を休止しようとするとき。
4. 無線局を廃止しようとするとき。

答 1 ☞ 121 ページ参照

〔4〕 21 メガヘルツから 30 メガヘルツまでの周波数の電波を使用する無線設備では、第四級アマチュア無線技士が操作を行うことができる最大空中線電力は、次のどれか。

1. 10 ワット
2. 20 ワット
3. 25 ワット
4. 50 ワット

答 1 ☞ 132 ページ参照

〔2〕 免許人が周波数の指定の変更を受けようとするときは、どうしなければならないか。次のうちから選べ。

1. その旨を届け出る。
2. その旨を申請する。
3. あらかじめ指示を受ける。
4. あらかじめ免許状の訂正を受ける。

答 2 ☞ 123 ページ参照

〔5〕 無線局が総務大臣から臨時に電波の発射の停止を命じられることがある場合は、次のどれか。

1. 必要のない無線通信を行っているとき。
2. 発射する電波が他の無線局の通信に混信を与えたとき。
3. 免許状に記載された空中線電力の範囲を超えて運用したとき。
4. 発射する電波の質が総務省令で定めるものに適合していないと認められるとき。

答 4 ☞ 161 ページ参照

〔3〕 単一チャネルのアナログ信号で周波数変調した電話の電波の型式を表示する記号は、次のどれか。

1. J 3 E
2. A 3 E
3. F 3 E
4. F 3 F

答 3 ☞ 127 ページ参照

〔6〕 アマチュア局の免許人は、無線局の免許を受けた日から起算してどれほどの期間内に、また、その後毎年その免許の日に応答する日（応答する日がない場合は、その翌日）から起算してどれほどの期間内に電波法の規定により電波利用料を納めなければならないか。次のうちから選べ。

1. 10 日
2. 30 日
3. 2 か月
4. 3 か月

答 2 ☞ 167 ページ参照

法　　　　規

〔7〕アマチュア局を運用する場合において、呼出符号は、遭難通信を行う場合を除き、次のどれに記載されたところによらなければならないか。

1.　無線局免許申請書
2.　無線局事項書
3.　免許状
4.　免許証

[答] 3　☞ 136ページ参照

〔8〕免許人が、1か月以内に免許状を返納しなければならない場合に該当しないのは、次のどれか。

1.　無線局を廃止したとき。
2.　臨時に電波の発射の停止を命ぜられたとき。
3.　無線局の免許を取り消されたとき。
4.　無線局の免許の有効期限が満了したとき。

[答] 2　☞ 169ページ参照

〔9〕アマチュア局の無線電話通信において、応答に際し10分以上たたなければ通報を受信することができない事由があるとき、応答事項の次に送信するのは、次のどれか。

1.　「どうぞ」及び分で表す概略の待つべき時間
2.　「お待ちください」及び呼出しを再開すべき時間
3.　「どうぞ」及び通報を受信することができない理由
4.　「お待ちください」、分で表す概略の待つべき時間及びその理由

[答] 4　☞ 151ページ問題35解説参照

〔10〕アマチュア局が呼出しを反復しても応答がないときは、できる限り、少なくとも何分間の間隔をおかなければ呼出しを再開してはならないか。次のうちから選べ。

1.　3分間
2.　5分間
3.　10分間
4.　15分間

[答] 1　☞ 150ページ参照

〔11〕次の文は、電波法施行規則に規定する「混信」の定義であるが、☐☐内に入れるべき字句を下の番号から選べ。

「他の無線局の正常な業務の運行を☐☐する電波の発射、輻射又は誘導をいう。」

1.　制限
2.　中断
3.　停止
4.　妨害

[答] 4
混信の定義：混信とは、他の無線局の正常な業務の運行を妨害する電波の発射、輻射又は誘導をいう。（規則2条64）

〔12〕非常通信の取扱いを開始した後、有線通信の状態が復旧した場合、次のどれによらなければならないか。

1.　なるべく速くその取扱いを停止する。
2.　速やかにその取扱いを停止する。
3.　非常の事態に応じて適当な措置をとる。
4.　現に有する通報を送信下後、その取扱いを停止する。

[答] 2
非常通信取扱の停止：非常通信の取扱いを開始した後、有線通信の状態が復旧した場合は、すみやかにその取扱いを停止しなければならない。（運用36条）

無 線 工 学

〔13〕電磁石において、コイルの巻き方向及び電池の極性を図のとおりとしたとき、磁石の両端 a 及び b の極性の組合せで、正しいのは次のうちどれか。

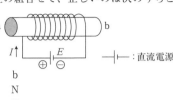

: 直流電源

	a	b
1.	N	N
2.	S	N
3.	N	S
4.	S	S

答 2 ☞ 18 ページ問題 4 解説参照

〔14〕周波数 f の信号と、周波数 f_0 の局部発振器の出力を周波数混合器で混合したとき、出力側に現れる周波数成分は、次のうちどれか。ただし、$f > f_0$ とする。

1. $f \pm f_0$
2. $f \times f_0$
3. $\dfrac{f + f_0}{2}$
4. $\dfrac{f}{f_0}$

答 1 ☞ 41 ページ問題 11 解説参照

〔15〕DSB（A3E）送信機において、占有周波数帯幅が広がる原因の説明として、誤っているのはどれか。

1. 送信機が寄生振動を起こしている。
2. 変調器の出力に非直線ひずみの成分がある。
3. 変調度が 100〔%〕を超えて過変調になっている。
4. 変調器の周波数特性が高域で低下している。

答 4 ☞ 46 ページ問題 1 解説参照（DSB 送信機）
過変調：変調率が 100% を超えていることを過変調といいます。過変調になると側波帯が広がります（占有周波数帯域が広がる）。

〔16〕FM（F3E）送信機において、周波数偏移を大きくする方法として用いられるのは、次のうちどれか。

1. 周波数逓倍器の逓倍数を大きくする。
2. 緩衝増幅器の増幅度を小さくする。
3. 送信機の出力を大きくする。
4. 変調器と次段との結合を疎にする。

答 1 ☞ 53 ページ問題 11 解説④参照

〔17〕FM（F3E）受信機において、復調器として用いられるのは、次のうちどれか。

1. リング検波器
2. 周波数弁別器
3. 二乗検波器
4. ヘテロダイン検波器

答 2 ☞ 68 ページ問題 14 解説参照

〔18〕シングルスーパヘテロダイン受信機の局部発振器に最も必要とされる条件は、次のうちどれか。

1. 水晶発振器であること
2. 発振出力の振幅が変化できること
3. スプリアス成分が少ないこと
4. 発振周波数が受信周波数より低いこと

答 3
周波数変換部：スーパーヘテロダイン受信機の周波数変換部の目的は次のとおりです。
・受信周波数と局部発振周波数を混合して、受信周波数を中間周波数に変える。
・局部発振器に必要な条件…スプリアス成分（高調波など）が少ないこと。

無　線　工　学

〔19〕アマチュア局の電波が近所のラジオ受信機に電波障害を与えることがあるが、これを通常何といっているか。

1. アンプ I
2. TVI
3. テレホン I
4. BCI

答 4　☞72ページ問題2参照

〔20〕他の無線局に受信障害を与えるおそれが最も低いのは、次のどれか。

1. 送信電力が低下したとき
2. 寄生振動があるとき
3. 高調波が発射されたとき
4. 妨害を受ける受信アンテナが近いとき

答 1　☞76ページ問題11および解説参照

〔21〕図に示す整流回路において、この名称と出力側a点の電圧の極性との組合せで、正しいのはどれか。

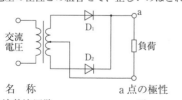

名　称	a点の極性
1. 半波整流回路	正
2. 全波整流回路	正
3. 半波整流回路	負
4. 全波整流回路	負

答 2　☞80ページ問題4および解説参照

〔22〕八木アンテナ(八木・宇田アンテナ)をスタック(積重ね)に接続することがあるが、この目的は何か。

1. 指向性を広くするため
2. 指向性を鋭くするため
3. 固有波長を短くするため
4. 固有波長を長くするため

答 2　☞95ページ問題10解説③参照

〔23〕次の記述は、図に示したアンテナについて述べたものである。□□内に入れるべき字句の組合せで、正しいのはどれか。

図のアンテナは、□A□と呼ばれ、電波の波長を λ で表したとき、アンテナ素子の長さ ℓ は□B□であり、水平面内の指向性は全方向性(無指向性)である。

	A	B
1.	ダイポール	$\lambda/4$
2.	ダイポール	$\lambda/2$
3.	ブラウン(グランドプレーン)	$\lambda/4$
4.	ブラウン(グランドプレーン)	$\lambda/2$

答 3　☞93ページ問題8解説①参照

〔24〕図のように、破線で囲んだ電圧計 V_0 に、V_0 の内部抵抗 r の3倍の値の直列抵抗器(倍率器)R を接続すると、測定範囲は V_0 の何倍になるか。

1. 2倍
2. 3倍
3. 4倍
4. 5倍

─□─ : 抵抗

答 3　☞110ページ問題8および解説参照
内部抵抗3倍の計算方法
$3r = r(N-1)$　　$N-1 = 3$　　$N = 4$(倍)

法　　　規

〔1〕 日本の国籍を有する人が開設するアマチュア局の免許の有効期間は、次のどれか。

1. 無期限
2. 無線設備が使用できなくなるまで
3. 免許の日から起算して5年
4. 免許の日から起算して10年

答 3　☞120ページ参照

〔2〕 免許人が無線設備の設置場所を変更しようとするときの手続は、次のどれか。

1. あらかじめ指示を受ける。
2. あらかじめ許可を受ける。
3. 直ちにその旨を報告する。
4. 直ちにその旨を届け出る。

答 2　☞121ページ参照

〔3〕 単一チャネルのアナログ信号で振幅変調した抑圧搬送波による単側波帯の電話の電波の型式を表示する記号は、次のどれか。

1. A3E
2. H3E
3. J3E
4. R3E

答 3　☞127ページ参照

〔4〕 次の文は、第四級アマチュア無線技士が行うことができる無線設備の操作について、電波法施行令の規定に沿って述べたものであるが、□□□内に入れるべき字句を下の番号から選べ。

「アマチュア無線局の空中線電力10ワット以下の□□□で21メガヘルツから30メガヘルツまで又は8メガヘルツ以下の周波数の電波を使用するものの操作（モールス符号による通信操作を除く。）」

1. 無線電話
2. 無線電信
3. テレビジョン
4. 無線設備

答 4　☞132ページ参照

〔5〕 免許人は、電波法に違反して運用した無線局を認めたとき、電波法の規定により、どのようにしなければならないか。次のうちから選べ。

1. 総務大臣に報告する。
2. その無線局の電波の発射を停止させる。
3. その無線局の免許人にその旨を通知する。
4. その無線局の免許人を告発する。

答 1　☞167ページ参照

〔6〕 免許人が電波法に基づく処分に違反したときに、その無線局について総務大臣から受けることがある処分は、次のどれか。

1. 空中線電力の制限
2. 電波の型式の制限
3. 通信の相手方の制限
4. 送信空中線の撤去命令

答 1　☞163ページ参照

法　　　規

〔7〕電波法の規定により、免許状を1か月以内に返納しなければならない場合は、次のどれか。

1. 免許がその効力を失ったとき。
2. 無線局の運用を休止しようとするとき。
3. 免許状を破損し、又は汚したとき。
4. 無線局の運用の停止を命ぜられたとき。

〔答〕1　☞169ページ参照

〔8〕アマチュア局がその免許状に記載された目的又は通信の相手方若しくは通信事項の範囲を超えて行うことができる通信は、次のどれか。

1. 宇宙無線通信
2. 国際通信
3. 電気通信業務の通信
4. 非常通信

〔答〕4　☞136ページ参照

〔9〕アマチュア局が無線機器の試験又は調整のため電波を発射する場合において、「本日は晴天なり」の連続及び自局の呼出符号の送信は、必要があるときを除き、何秒間を超えてはならないか。次のうちから選べ。

1. 5秒間
2. 10秒間
3. 20秒間
4. 30秒間

〔答〕2　☞157ページ問題48解説③参照

〔10〕アマチュア局の無線電話通信において長時間継続して通報するとき、10分ごとを標準として適当に送信しなければならない事項は、次のどれか。

1. 自局の呼出符号
2. 相手局の呼出符号
3. （1）こちらは
　　（2）自局の呼出符号
4. （1）相手局の呼出符号
　　（2）こちらは
　　（3）自局の呼出符号

〔答〕3　☞154ページ問題40解説参照

〔11〕無線電話通信において、応答に際して直ちに通報を受信しようとするとき、応答事項の次に送信する略語は、次のどれか。

1. どうぞ
2. OK
3. 了解
4. 送信してください

〔答〕1　☞189ページ〔12〕参照

〔12〕アマチュア局は、自局の発射する電波がテレビジョン放送又はラジオ放送の受信等に支障を与えるときは、非常の場合の無線通信等を行う場合を除き、どのようにしなければならないか。次のうちから選べ。

1. 注意しながら電波を発射する。
2. 障害の程度を調査し、その結果によって電波の発射を中止する。
3. 速やかに当該周波数による電波の発射を中止する。
4. 空中線電力を小さくする。

〔答〕3　☞159ページ参照

無 線 工 学

〔13〕図に示す回路において、抵抗 R の値を2倍にすると、回路に流れる電流 I は、元の値の何倍になるか。

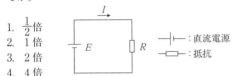

1. $\frac{1}{2}$ 倍
2. 1 倍
3. 2 倍
4. 4 倍

—□—：直流電源
—▭—：抵抗

答 1

電流と抵抗の関係：オームの法則から、反比例の関係になります。したがって下記のようになります。
① 抵抗 R が2倍になると、電流 I は $\frac{1}{2}$ 倍
② 抵抗 R が $\frac{1}{2}$ 倍になると、電流 I は2倍

〔14〕水晶発振器（回路）の周波数変動を少なくするための方法として、誤っているものは次のうちどれか。

1. 発振器の次段に緩衝増幅器を設ける。
2. 発振器と後段との結合を密にする。
3. 発振器の電源電圧の変動を少なくする。
4. 発振器の周囲温度の変化を少なくする。

答 2

水晶発振器の周波数を安定にする方法：
① 発振器と次段との結合をできるだけ疎にする→負荷の変動に注意する。
② 水晶発振子を恒温槽に入れる。
③ 電源電圧の変動をできるだけ小さくする。
④ 発振出力は最小になるように調整する。

〔15〕次の記述の ▭ 内に入れるべき字句の組合せで、正しいものはどれか。

　SSB（J3E）送信機では、 A 増幅器の入力レベルを制限し、送信出力がひずまないように、 B 回路が用いられる。

	A	B		A	B
1.	緩衝	IDC	2.	電力	IDC
3.	緩衝	ALC	4.	電力	ALC

答 4

ALC（Automatic Lebel Contorol）：SSB 送信機では、電力増幅器にある一定レベル以上の入力電力が加わったときに、励振増幅器などの増幅度を自動的に下げて、電力増幅器の入力レベルを制限し、送信電波の波形がひずまないようにしたり、占有周波数帯域が過度に広がらないようにするために ALC が用いられます。

〔16〕FM（F3E）送信機において、周波数偏移を大きくする方法として用いられるのは、次のうちどれか。

1. 変調器と次段との結合を疎にする。
2. 緩衝増幅器の増幅度を小さくする。
3. 周波数逓倍器の逓倍数を大きくする。
4. 送信機の出力を大きくする。

答 3　☞53ページ問題11解説④参照

〔17〕SSB（J3E）受信機で受信しているとき、受信周波数がずれてスピーカから聞こえる音声がひずんできた場合、どのようにしたらよいか。

1. AGC 回路を「断」にする。
2. クラリファイヤ（又は RIT）を調整し直す。
3. 帯域フィルタ（BPF）の通過帯域幅を狭くする。
4. 音量調整器を回して音量を大きくする。

答 2　☞67ページ問題12解説②および問題13参照

〔18〕FM（F3E）受信機のスケルチ回路についての記述で、正しいものはどれか。

1. 受信電波がないときに出る大きな雑音を消す回路
2. 受信電波の振幅を一定にして、振幅変調成分を取り除く回路
3. 受信電波の周波数成分を振幅の変化に変換し、信号を取り出す回路
4. 受信電波の近接周波数による混信を除去する回路

答 1　☞66ページ問題10解説②参照

無　線　工　学

〔19〕アマチュア局の電波が近所のラジオ受信機に電波障害を与えることがあるが、これを通常何といっているか。

1. TVI
2. BCI
3. アンプ I
4. テレホン I

答 2 ☞72 ページ問題 2 参照

〔20〕アマチュア局から発射された 435〔MHz〕帯の基本波が地デジ(地上デジタルテレビ放送 470 〜 710〔MHz〕)のアンテナ直下型受信ブースタに混入し電波障害を与えた。この防止策として、地デジアンテナと受信用ブースタとの間に挿入すればよいのは、次のうちどれか。

1. SWR メータ
2. ラインフィルタ
3. 同軸避雷器
4. トラップフィルタ (BEF)

答 4 ☞77 ページ問題 14 参照

〔21〕同じ規格の乾電池を並列に接続して使用する目的は、次のうちどれか。

1. 使用時間を長くする。
2. 雑音を少なくする。
3. 電圧を高くする。
4. 電圧を低くする。

答 1 ☞86 ページ問題 14 解説①および②参照

〔22〕半波長ダイポールアンテナを使用して電波を放射したとき、アンテナ電流の値が 0.2〔A〕であった。このときの放射電力の値として、最も近いのはどれか。ただし、熱損失となるアンテナ導体の抵抗分は無視するものとする。

1. 8〔W〕
2. 5〔W〕
3. 3〔W〕
4. 2〔W〕

答 3 ☞92 ページ 問題 5 解説②および③参照
③の式を放射電力を求める式に変形すると $P = I^2 R$ となるので、$P = 0.2 \times 0.2 \times 75 = 3$〔W〕

〔23〕昼間 21〔MHz〕バンドの電波で通信を行っていたが、夜間になって遠距離の地域が通信不能となった。そこで周波数バンドを切り替えたところ再び通信が可能となった。通信を可能にした周波数バンドは次のうちどれか。

1. 7〔MHz〕バンド
2. 28〔MHz〕バンド
3. 50〔MHz〕バンド
4. 144〔MHz〕バンド

答 1 ☞103 ページ 問題 9 および問題 8 解説参照

〔24〕測定器を使用して行う下記の操作のうち、定在波比測定器(SWR メータ)が使用されるのは、次のうちどれか。

1. 送信周波数を測定するとき。
2. 寄生発射の有無を調べるとき。
3. 共振回路の共振周波数を測定するとき。
4. アンテナと給電線との整合状態を調べるとき。

答 4 ☞113 ページ問題 13 および 112 ページ問題 12 の解説⑤参照

法　　規

〔1〕 電波法施行規則に規定する「アマチュア業務」の定義は、次のどれか。

1. 金銭上の利益のためでなく、もっぱら個人的な無線技術の興味によって行う自己訓練、通信及び技術的研究の業務をいう。
2. 金銭上の利益のためでなく、無線技術の興味によって行う技術的研究の業務をいう。
3. 金銭上の利益のためでなく、もっぱら個人的な無線技術の興味によって行う業務をいう。
4. 金銭上の利益のためでなく、科学又は技術の発達のために行う無線通信業務をいう。

答 1 ☞ 117 ページ参照

〔2〕 アマチュア局の免許人が、総務省令で定める場合を除き、あらかじめ総合通信局長（沖縄総合通信事務所長を含む。）の許可を受けなければならない場合は、次のどれか。

1. 無線局を廃止しようとするとき。
2. 免許状の訂正を受けようとするとき。
3. 無線局の運用を休止しようとするとき。
4. 無線設備の変更の工事をしようとするとき。

答 4 ☞ 120 ページ参照

〔3〕 単一チャネルのアナログ信号で振幅変調した抑圧搬送波による単側波帯の電話の電波の型式を表示する記号は、次のどれか。

1. A3E
2. H3E
3. J3E
4. R3E

答 3 ☞ 127 ページ参照

〔4〕 30 メガヘルツを超える周波数の電波を使用する無線設備では、第四級アマチュア無線技士が操作を行うことができる最大空中線電力は、次のどれか。

1. 10 ワット
2. 20 ワット
3. 25 ワット
4. 50 ワット

答 2 ☞ 132 ページ参照

〔5〕 無線局が総務大臣から臨時に電波の発射の停止を命じられることがある場合は、次のどれか。

1. 暗語を使用して通信を行ったとき。
2. 発射する電波の質が総務省令で定めるものに適合していないと認められるとき。
3. 発射する電波が他の無線局の通信に混信を与えたとき。
4. 免許状に記載された空中線電力の範囲を超えて運用したとき。

答 2 ☞ 161 ページ参照

〔6〕 アマチュア局の免許人は、無線局の免許を受けた日から起算してどれほどの期間内に、また、その後毎年その免許の日に応答する日（応答する日がない場合は、その翌日）から起算してどれほどの期間内に電波法の規定により電波利用料を納めなければならないか。次のうちから選べ。

1. 10 日
2. 30 日
3. 2 か月
4. 3 か月

答 2 ☞ 167 ページ参照

法　　　規

〔7〕次の文は、目的外使用の禁止に関する電波法の規定であるが、□□□内に入れるべき字句を下の番号から選べ。

「無線局は、□□□に記載された目的又は通信の相手方若しくは通信事項の範囲を超えて運用してはならない。」

1. 免許証
2. 無線局事項書
3. 免許状
4. 無線局免許申請書

〔答〕3　☞136ページ参照

〔8〕無線電話通信において、「さようなら」を送信することになっている場合は、次のどれか。

1. 通信が終了したとき。
2. 通報を確実に受信したとき。
3. 通報の送信を終了したとき。
4. 無線機器の試験又は調整が終わったとき。

〔答〕1　☞189ページ〔12〕参照

〔9〕免許人は、住所を変更したときは、どのようにしなければならないか。次のうちから選べ。

1. 無線設備の設置場所の変更を申請する。
2. 免許状を総務大臣に提出し、訂正を受ける。
3. 遅滞なく、その旨を総務大臣に届け出る。
4. 免許状を訂正し、その旨を総務大臣に報告する。

〔答〕3
アマチュア局の免許状：免許人は住所を変更したときには、延滞なくその旨を総務大臣に届け出ねばなりません。

〔10〕無線局が自局に対する呼出しであることが確実でない呼出しを受信したときは、次のどれによらなければならないか。

1. その呼出しが数回反復されるまで応答しない。
2. 直ちに応答し、自局に対する呼び出しであることを確かめる。
3. その呼出しが反復され、他のいずれの無線局も応答しないときは、直ちに応答する。
4. その呼出しが反復され、かつ自局に対する呼び出しであることが確実に判明するまで応答しない。

〔答〕4　☞153ページ参照

〔11〕無線局は、無線設備の機器の試験又は調整を行うために運用するときには、なるべく何を使用しなければならないか。次のうちから選べ。

1. 水晶発振回路
2. 擬似空中線回路
3. 高調波除去装置
4. 空中線電力の低下装置

〔答〕2　☞157ページ参照

〔12〕アマチュア局は、他人の依頼による通報を送信することができるかどうか、次のうちから選べ。

1. やむを得ないと判断したものはできる。
2. 内容が簡単であればできる。
3. できる。
4. できない。

〔答〕4　☞160ページ参照

無 線 工 学

〔13〕図（図記号）に示す電界効果トランジスタ
（FET）の電極 a の名称はどれか。

1. ドレイン
2. ゲート
3. コレクタ
4. ソース

答 2 ☞ 29 ページ問題 20 および 30 ページ問
題 21、問題 22 解説参照

〔14〕A 級トランジスタ増幅器の特徴について述べて
いるのは、次のうちどれか。

1. 交流入力信号のないとき、出力側（コレクタ）
   に電流は流れない。
2. 出力側の波形ひずみが大きい。
3. 交流入力信号の無いときでも、常に出力側（コ
   レクタ）に電流が流れる。
4. A 級以外の増幅器に比べて効率が良い。

答 3 ☞ 37 ページ問題 6 解説参照

〔15〕DSB（A3E）送信機が過変調の状態になったと
き、どのような現象を生じるか。

1. 側波帯が広がる
2. 寄生振動が発生する。
3. 搬送波の周波数が変動する。
4. 占有周波数帯幅が狭くなる。

答 1 ☞ 198 ページ〔15〕解説参照

〔16〕直接 FM 方式（F3E）送信機において、大きな
音声信号が加わったときに周波数偏移を一定値
以内に収めるためには、図の空欄の部分に何を
設ければよいか。

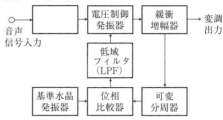

1. AGC 回路
2. IDC 回路
3. 音声増幅器
4. BFO 回路

答 2 ☞ 53 ページ問題 11 解説③および問題 12
参照

〔17〕スーパヘテロダイン受信機の近接周波数に対す
る選択度特性に最も影響を与えるものはどれか。

1. 検波器
2. 高周波増幅器
3. 周波数変換器
4. 中間周波増幅器

答 4 ☞ 63 ページ問題 6 解説参照

〔18〕次の記述は、FM（F3E）受信機のどの回路につ
いての説明か。

この回路は、受信電波がないときに復調器出力
に現れる雑音電圧を利用して、低周波増幅回路
の動作を止めて、耳障りな雑音がスピーカから
出るのを防ぐものである。

1. スケルチ回路
2. 振幅制限回路
3. 周波数弁別回路
4. AFC 回路

答 1 ☞ 66 ページ問題 10 解説②参照

〔19〕受信機に電波障害を与えるおそれが最も低いものは、次のうちどれか。

1. 高周波ミシン
2. 電気溶接機
3. 電波時計
4. 自動車の点火プラグ

答 3

受信機に障害を与えないもの：電気コンロ、電波時計などの解答選択肢があります。電気溶接機、自動車の点火プラグなど火花を発するものは電波障害の原因となります。

〔20〕送信機で 28〔MHz〕の周波数の電波を発射したところ、FM放送受信に混信を与えた。送信側で考えられる混信の原因で、正しいのはどれか。

1. 第3高調波が強く発射されている。
2. $\frac{1}{3}$ 倍の低調波が発射されている。
3. 同軸給電線が断線している。
4. スケルチを強くかけすぎている。

答 1 ☞ 191 ページ〔19〕参照

〔21〕端子電圧 6〔V〕、容量 60〔Ah〕の蓄電池を3個直列に接続したとき、その合成電圧と合成容量の値の組合せとして、正しいのはどれか。

	合成電圧	合成容量
1.	6〔V〕	60〔Ah〕
2.	18〔V〕	60〔Ah〕
3.	6〔V〕	180〔Ah〕
4.	18〔V〕	180〔Ah〕

答 2 ☞ 86 ページ問題 14 および解説参照

〔22〕図は、三素子八木アンテナ（八木・宇田アンテナ）の構造を示したものである。各素子の名称の組合せで、正しいのはどれか。

ただし、エレメントの長さは、A＜B＜Cの関係にある。

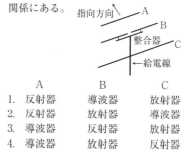

	A	B	C
1.	反射器	導波器	放射器
2.	反射器	放射器	導波器
3.	導波器	反射器	放射器
4.	導波器	放射器	反射器

答 4 ☞ 95 ページ問題 10 解説①および②参照

〔23〕超短波（VHF）帯の電波を使用する通信において、一般に、通信可能な距離を伸ばすための方法として、誤っているのは次のうちどれか。

1. アンテナの高さを高くする。
2. アンテナの放射角を高角度にする。
3. 鋭い指向性のアンテナを用いる。
4. 利得の高いアンテナを用いる。

答 2 ☞ 99 ページ問題 2 解説の図参照

VHF 帯の通信で使用する直接波はアンテナを高くすることで見通し距離が伸びて遠くまで届くようになりますが、アンテナ自体を高角度にしても意味がありません。

〔24〕アナログ方式の回路計（テスタ）で抵抗値を測定するときの準備の手順で、正しいのはどれか。

1. 0〔Ω〕調整をする→測定レンジを選ぶ→テストリード（テスト棒）を短絡する。
2. 測定レンジを選ぶ→テストリード（テスト棒）を短絡する→0〔Ω〕調整をする。
3. テストリード（テスト棒）を短絡する→0〔Ω〕調整をする→測定レンジを選ぶ。
4. 測定レンジを選ぶ→0〔Ω〕調整をする→テストリード（テスト棒）を短絡する。

答 2 ☞ 215 ページ〔24〕参照

法　　　規

〔1〕無線局を開設しようとする者は、電波法の規定によりどのような手続をしなければならないか。次のうちから選べ。

1. あらかじめ呼出符号の指定を受けておかなければならない。
2. 無線従事者の免許の申請書を提出しなければならない。
3. 無線局の免許の申請書を提出しなければならない。
4. あらかじめ運用開始の予定期日を届け出なければならない。

答 3

免許の申請：アマチュア局の免許を受けようとする者は、免許の申請書に、必要な事項を記載した書類を添えて、その無線設備の設置場所又は常置場所を管轄する総合通信局長に提出しなければならない。

〔2〕アマチュア局の免許人が、総務省令で定める場合を除き、あらかじめ総合通信局長（沖縄総合通信事務所長を含む。）の許可を受けなければならない場合は、次のどれか。

1. 無線設備の変更の工事をしようとするとき。
2. 無線局の運用を休止しようとするとき。
3. 免許状の訂正を受けようとするとき。
4. 無線局を廃止しようとするとき。

答 1　☞121ページ参照

〔3〕電波の質を表すものとして、電波法に規定されているものは、次のどれか。

1. 変調度
2. 電波の型式
3. 信号対雑音比
4. 周波数の偏差及び幅

答 4　☞127ページ参照

〔4〕第四級アマチュア無線技士が操作を行うことができる電波の周波数の範囲は、次のどれか。

1. 21 メガヘルツ以下
2. 21 メガヘルツ以上又は 8 メガヘルツ以下
3. 8 メガヘルツ以上
4. 8 メガヘルツ以上 21 メガヘルツ以下

答 2　☞132ページ参照

〔5〕無線従事者の免許を取り消されることがある場合は、次のどれか。

1. 免許証を失ったとき。
2. 電波法に違反したとき。
3. 日本の国籍を失ったとき。
4. 引き続き 6 か月以上無線設備の操作を行わなかったとき。

答 2　☞165ページ参照

〔6〕電波法又は電波法に基づく命令の規定に違反して運用した無線局を認めたとき、電波法の規定により免許人がとらなければならない措置は、次のどれか。

1. 総務大臣に報告する。
2. その無線局の電波の発射を停止させる。
3. その無線局の免許人に注意を与える。
4. その無線局の免許人を告発する。

答 1　☞167ページ参照

法　　　規

〔7〕免許状に記載された事項に変更を生じたとき、免許人がその免許状についてとらなければならない手続は、次のどれか。

1. 1か月以内に返す。
2. 再免許を申請する。
3. その旨を報告する。
4. 訂正を受ける。

答 4　☞122 ページ問題 12 解説①参照

〔8〕次の文は、秘密の保護に関する電波法の規定であるが、□□□内に入れるべき字句を下の番号から選べ。

「何人も□□□場合を除くほか、特定の相手方に対して行われる無線通信を傍受してその存在若しくは内容を漏らし、又はこれを窃用してはならない。」

1. 総務大臣が認める
2. 自己に利害関係がある
3. 法律に別段の定めがある
4. 地方公共団体の長の同意を得た

答 3　☞139 ページ参照

〔9〕アマチュア局は、自局の発射する電波がテレビジョン放送又はラジオ放送の受信等に支障を与えるときは、非常の場合の無線通信等を行う場合を除き、どうしなければならないか。次のうちから選べ。

1. 注意しながら電波を発射する。
2. 速やかに当該周波数による電波の発射を中止する。
3. 障害の状況を把握し、適切な措置をしてから電波を発射する。
4. 空中線電力を小さくする。

答 2　☞159 ページ参照

〔10〕無線電話通信において、通報を確実に受信したときに送信することになっている略語は、次のどれか。

1. 終わり
2. 受信しました
3. ありがとう
4. 「了解」又は「OK」

答 4　☞189 ページ〔12〕略語・用語解説参照

〔11〕無線局が無線機器の試験又は調整のため電波の発射を必要とする場合において、発射する前に自局の発射しようとする電波の周波数及びその他必要と認める周波数によって聴守して確かめなければならないのは、次のどれか。

1. 受信機が最良の状態にあること。
2. 他の無線局が通信を行っていないこと。
3. 他の無線局の通信に混信を与えないこと。
4. 非常の場合の無線通信が行われていないこと。

答 3　☞157 ページ参照

〔12〕アマチュア局を運用する場合において、空中線電力は、遭難通信を行う場合を除き、次のどれによらなければならないか。

1. 免許状に記載されたものの範囲内で通信を行うため必要最小のもの
2. 免許状に記載されたものの範囲内で適当なもの
3. 通信の相手方となる無線局が要求するもの
4. 無線局免許申請書に記載したもの

答 1　☞138 ページ参照

無　線　工　学

〔13〕電圧、電流及び抵抗の関係を表す式で正しいのは、次のうちどれか。

1. 電圧 ＝ $\dfrac{電流}{抵抗}$

2. 電圧 ＝ $\dfrac{抵抗}{電流}$

3. 電流 ＝ $\dfrac{抵抗}{電圧}$

4. 電流 ＝ $\dfrac{電圧}{抵抗}$

[答] 4　☞ 20 ページ問題６解説②オームの法則参照

〔14〕SSB（J3E）電波の周波数成分は、次のうちどれか。

1. 上側波帯及び下側波帯
2. 上側波帯又は下側波帯のいずれか一方
3. 搬送波、上側波帯及び下側波帯
4. 搬送波

[答] 2　☞ 48 ページ　問題５解説①および 50 ページ　問題６解説参照

〔15〕送信機の周波数逓倍器は、どのような目的で設けられているか。

1. 発振器の発振周波数が変動するのを防ぐため
2. 発振器の発振周波数を整数倍して、希望の周波数にするため
3. 高調波に同調させて、これを抑圧するため
4. 発振器の発振周波数から低調波を取り出すため

[答] 2　☞ 52 ページ問題 11 解説④参照

〔16〕DSB（A3E）送信機において、占有周波数帯幅が広がる場合の説明として、誤っているのはどれか。

1. 送信機が寄生振動を起こしている。
2. 変調器の出力に非直線ひずみの成分がある。
3. 変調器の周波数特性が高域で低下している。
4. 変調度が 100〔％〕を超えて過変調になっている。

[答] 3　☞ 198 ページ〔15〕参照

〔17〕FM（F3E）受信機の周波数弁別器の働きについて記述しているのは、次のうちどれか。

1. 近接周波数による混信を除去する。
2. 受信電波が無くなったときに生じる大きな雑音を消す。
3. 受信電波の振幅を一定にして、振幅変調成分を取り除く。
4. 受信電波の周波数の変化を振幅の変化に変換し、信号を取り出す。

[答] 4　☞ 68 ページ問題 14 解説参照

〔18〕次の記述の□□内に入れるべき字句の組合せで、正しいのはどれか。

シングルスーパヘテロダイン受信機において、□A□を設けると、周波数変換部で発生する雑音の影響が少なくなるため、□B□が改善される。

	A	B
1.	高周波増幅部	信号対雑音比
2.	高周波増幅部	安定度
3.	低周波増幅部	信号対雑音比
4.	低周波増幅部	安定度

[答] 1　☞ 62 ページ問題３解説①参照

無　線　工　学

〔19〕ラジオ受信機に付近の送信機から強力な電波が加わると、受信された信号が受信機の内部で変調され、BCI を起こすことがある。この現象を何変調と呼んでいるか。

1. 混変調
2. 過変調
3. 平衡変調
4. 位相変調

答 1　☞ 72 ページ問題 3 および解説、73 ページ問題 4 および解説参照

〔20〕送信機で 28〔MHz〕の周波数の電波を発射したところ、FM 放送受信に混信を与えた。送信側で考えられる混信の原因で、正しいのはどれか。

1. $\frac{1}{3}$ 倍の低調波が発射されている。
2. 第 3 高調波が強く発射されている。
3. スケルチを強くかけすぎている。
4. 送信周波数の設定がわずかにずれている。

答 2　☞ 191 ページ〔19〕参照

〔21〕電源の定電圧回路に用いられるダイオードは、次のうちどれか。

1. バラクタダイオード
2. ツェナーダイオード
3. フォトダイオード
4. 発光ダイオード

答 2　☞ 25 ページ問題 13 解説⑥参照

〔22〕同軸給電線の特性で望ましくないのは、次のうちどれか。

1. 高周波エネルギーを無駄なく伝送する。
2. 特性インピーダンスが均一である。
3. 給電線から電波が放射されない。
4. 給電線で電波が受信出来る。

答 4　☞ 96 ページ問題 13 および解説参照

〔23〕次の記述の □ 内に入れるべき字句の組合せで、正しいものはどれか。

電波は、電界と磁界が □ A □ になっており、□ B □ が大地と平行になっている電波を水平偏波という。

	A	B
1.	直角	電界
2.	直角	磁界
3.	平行	電界
4.	平行	磁界

答 1　☞ 191 ページ〔22〕参照

〔24〕定在波比測定器（SWR メータ）を使用して、アンテナと同軸給電線の整合状態を正確に調べるとき、同軸給電線のどの部分に挿入したらよいか。

1. 同軸給電線の中央の部分
2. 同軸給電線の任意の部分
3. 同軸給電線の、アンテナの給電点に近い部分
4. 同軸給電線の、送信機の出力端子に近い部分

答 3　☞ 112 ページ問題 12 および解説参照

法　規

〔1〕電波法施行規則に規定する「アマチュア業務」の定義は、次のどれか。

1. 金銭上の利益のためでなく、もっぱら個人的な無線技術の興味によって行う自己訓練、通信及び技術的研究の業務をいう。
2. 金銭上の利益のためでなく、無線技術の興味によって行う技術的研究の業務をいう。
3. 金銭上の利益のためでなく、もっぱら個人的な無線技術の興味によって行う業務という。
4. 金銭上の利益のためでなく、科学又は技術の発達のために行う無線通信業務をいう。

答 1 ☞117ページ参照

〔2〕無線局が電波の型式の指定の変更を受けようとするときの手続は、次のどれか。

1. 免許状の訂正を受ける。
2. その旨を届け出る。
3. その旨を申請する。
4. あらかじめ指示を受ける。

答 3 ☞123ページ参照

〔3〕次の文は、電波法施行規則に規定する「送信設備」の定義であるが、□□□内に入れるべき字句を下の番号から選べ。

「送信設備」とは、□□□と送信空中線系とから成る電波を送る設備をいう。

1. 高周波発生装置
2. 送信装置
3. 発振器
4. 増幅器

答 2 ☞117ページ参照

〔4〕21メガヘルツから30メガヘルツまでの周波数の電波を使用する無線設備では、第四級アマチュア無線技士が操作を行うことができる最大空中線電力は、次のどれか。

1. 10ワット
2. 20ワット
3. 25ワット
4. 50ワット

答 1 ☞132ページ参照

〔5〕無線局の免許を取り消されることがあるのは、次のどの場合か。

1. 免許人が1年以上の期間日本を離れたとき。
2. 免許状に記載された目的の範囲を超えて運用したとき。
3. 不正な手段により無線局の免許を受けたとき。
4. 免許人が免許人以外の者のために無線局を運用させたとき。

答 3 ☞164ページ参照

〔6〕無線局の免許人が非常通信を行ったとき、電波法の規定によりとらなければならない措置は、次のどれか。

1. 中央防災会議会長に届け出る。
2. 市町村長に連絡する。
3. 都道府県知事に通知する。
4. 総務大臣に報告する。

答 4 ☞166ページ参照

法　　　　　規

〔7〕 無線電話通信において、送信した通報を反復して送信するときは、1字若しくは1語ごとに反復する場合又は略符号を反復する場合を除き、次のどれによらなければならないか。

1. 通報の各通ごとに「反復」2回を前置する。
2. 通報の1連続ごとに「反復」3回を前置する。
3. 通報の最初及び適当な箇所で「反復」を送信する。
4. 通報の各通ごと又は1連続ごとに「反復」を前置する。

答 4

通報の反復：送信した通報を反復して送信するときは、1字もしくは1語ごとに反復する場合又は略符号を反復する場合を除いて、その通報の各通ごと又は1連続ごとに「反復」を前置するものとする。（運用33条）

〔8〕 アマチュア局を運用する場合において、空中線電力は、遭難通信を行う場合を除き、次のどれによらなければならないか。

1. 通信の相手方となる無線局が要求するもの
2. 無線局免許申請書に記載したもの
3. 免許状に記載されたものの範囲内で適当なもの
4. 免許状に記載されたものの範囲内で通信を行うため必要最小のもの

答 4　☞138ページ参照

〔9〕 無線局の免許がその効力を失ったときは、免許人であった者は、その免許状をどうしなければならないか。次のうちから選べ。

1. 直ちに廃棄する。
2. 3か月以内に返納する。
3. 1か月以内に返納する。
4. 2年間保管する。

答 3　☞169ページ参照

〔10〕 アマチュア局が無線機器の試験又は調整のため電波を発射する場合において、「本日は晴天なり」の連続及び自局の呼出符号の送信は、必要がある場合を除き、何秒間を超えてはならないか。次のうちから選べ。

1. 5秒間
2. 10秒間
3. 20秒間
4. 30秒間

答 2　☞157ページ問題48解説③参照

〔11〕 無線局運用規則において、無線通信の原則として規定されているものは、次のどれか。

1. 無線通信は長時間継続して行ってはならない。
2. 無線通信に使用する言語は、できる限り簡潔でなければならない。
3. 無線通信は、有線通信を利用することが出来ないときに限り行うものとする。。
4. 無線通信を行う場合においては、略符号以外の用語を使用してはならない。

答 2　☞140ページ参照

〔12〕 無線電話通信において、応答に際して直ちに通報を受信しようとするとき、応答事項の次に送信する略語は、次のどれか。

1. どうぞ
2. OK
3. 了解
4. 送信してください

答 1　☞189ページ〔12〕解説参照

〔13〕図に示す回路に流れる電流 i の値で、最も近いのは次のうちどれか。

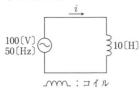

$\curvearrowleft\curvearrowleft\curvearrowleft$: コイル

1. 0.3〔mA〕
2. 3〔mA〕
3. 30〔mA〕
4. 300〔mA〕

答 3 ☞22ページ 問題9解説参照

リアクタンス X_L を求めて、電流を割り出す。

$X_L = 2\pi fL = 2 \times 3.14 \times 50 \times 10 = 3.14 \times 10^3 \,〔\Omega〕$

$I = \dfrac{V}{R}$ から $\dfrac{100〔V〕}{3.14 \times 10^3〔\Omega〕} = 0.031〔A〕 = 31〔mA〕$

〔14〕搬送波を発生する回路は、次のうちどれか。

1. 発振回路
2. 増幅回路
3. 変調回路
4. 検波回路

答 1 ☞46ページ問題1解説①、②、③参照

〔15〕SSB（J3E）トランシーバの送信部において、送話の音声の有無によって、自動的に送信と受信を切り替える働きをするのは、次のうちどれか。

1. ALC 回路
2. VOX 回路
3. 帯域フィルタ（BPF）
4. 平衡変調器

答 2

VOX 回路：SSB トランシーバの送信部において、送話音声の有無によって、自動的に送信と受信を切り替える働きをするものを VOX（Voice Operated exchange）回路といいます。一方、手動による送受信の切り替えはプレストークボタン（PTT スイッチ）を用います。

〔16〕送信機の緩衝増幅器は、どのような目的で設けられているか

1. 所要の送信機出力まで増幅するため
2. 発振周波数の整数倍の周波数を取り出すため
3. 終段増幅器の入力として十分な励振電圧を得るため。
4. 後段の影響により発振器の発振周波数が変動するのを防ぐため

答 4 ☞46ページ問題1解説④参照

〔17〕次の記述の ___ 内に入れるべき字句の組合せで、正しいのはどれか。

シングルスーパヘテロダイン受信機において、 A を設けると、周波数変換部で発生する雑音の影響が少なくなるため、 B が改善される。

	A	B
1.	高周波増幅部	安定度
2.	低周波増幅部	信号対雑音比
3.	低周波増幅部	安定度
4.	高周波増幅部	信号対雑音比

答 4 ☞62ページ問題3参照

〔18〕無線受信機のスピーカから大きな雑音が出ているとき、これが外来雑音によるものかどうかを確かめる方法で、正しいのは次のうちどれか。

1. アンテナ端子とアース端子間を導線でつなぐ。
2. アンテナを外し、新しい別のアンテナと交換する。
3. アンテナ端子とアース端子間を高抵抗でつなぐ。
4. アース線を外し、受信機の同調をずらす。

答 1

外来雑音の確認：スピーカから大きな雑音が出ているときに、外来雑音かどうかを確かめるには、受信機のアンテナ端子とアース端子を導線でつなぎます。こうすることで雑音が消えれば外部の雑音、消えなければ受信機内部で発生している雑音です。

無 線 工 学

〔19〕他の無線局に受信障害を与えるおそれが最も低いのは、次のどれか。

1. 寄生振動があるとき
2. 送信電力が低下したとき
3. 高調波が発射されたとき
4. 障害を受ける受信アンテナが近いとき

　答 2 ☞ 76 ページ問題 11 および解説参照

〔20〕50〔MHz〕の電波を発射したところ、150〔MHz〕の電波を受信している受信機に妨害を与えた。送信機側で通常考えられる妨害の原因は、次のうちどれか。

1. スケルチを強くかけすぎている。
2. 送信周波数が少しずれている。
3. 同軸給電線が断線している。
4. 高調波が強く発射されている。

　答 4 ☞ 191 ページ〔19〕の解説参照

〔21〕ツェナーダイオードは、次のうちどの回路に用いられているか。

1. 定電圧回路
2. 平滑回路
3. 共振回路
4. 発振回路

　答 1 ☞ 27 ページ問題 13 解説⑥参照

〔22〕八木アンテナ（八木・宇田アンテナ）の導波器の素子数が増えた場合、アンテナの性能はどうなるか。

1. 指向性が広がる。
2. 最大指向方向が逆転する。
3. 利得が上がる。
4. 到達距離が短くなる。

　答 3 ☞ 95 ページ問題 10 解説③参照

〔23〕波長 10〔m〕の電波の周波数は、幾らになるか。

1. 15〔MHz〕
2. 30〔MHz〕
3. 60〔MHz〕
4. 90〔MHz〕

　答 2 ☞ 89 ページ問題 1 解説③参照
周波数を求める：解説③の式から f を求める
$$f〔\text{MHz}〕 = \frac{300}{\lambda}（波長：\text{m}） = \frac{300}{10} = 30〔\text{MHz}〕$$

〔24〕アナログ方式の回路計（テスタ）で抵抗値を測定するとき、準備操作としてメータ指針のゼロオーム調整を行うには、2 本のテストリード（テスト棒）をどのようにしたらよいか。

1. テストリード（テスト棒）は、先端を接触させて短絡（ショート）状態にする。
2. テストリード（テスト棒）は、測定する抵抗の両端に、それぞれ先端を確実に接触させる。
3. テストリード（テスト棒）は、先端を離し開放状態にする。
4. テストリード（テスト棒）は、測定端子よりはずしておく。

　答 1
テスタによる抵抗値測定手順：① 抵抗値に合わせて「測定レンジ」を選ぶ。② 2 本のテスト棒の先端を短絡（ショート）する。③ 指針が 0〔Ω〕をさすように「0〔Ω〕調整つまみ」を回してゼロ点調整をする

法　規

〔1〕総務大臣又は総合通信局長（沖縄総合通信事務所長を含む。）が無線局の再免許の申請を行った者に対して、免許を与えるときに指定する事項はどれか。次のうちから選べ。

1.　空中線電力
2.　発振及び変調の方式
3.　無線設備の設置場所
4.　空中線の型式及び構成

答 1 ☞ 124 ページ参照

〔2〕アマチュア局の免許人が、総務省令で定める場合を除き、あらかじめ総合通信局長（沖縄総合通信事務所長を含む。）の許可を受けなければならない場合は、次のどれか。

1.　無線局を廃止しようとするとき。
2.　免許状の訂正を受けようとするとき。
3.　無線局の運用を休止しようとするとき。
4.　無線設備の変更の工事をしようとするとき。

答 4 ☞ 121 ページ参照

〔3〕次の文は、電波法の規定であるが、□□□内に入れるべき字句を下の番号から選べ。

　　「無線電話」とは、電波を利用して、□□□を送り、又は受けるための通信設備をいう。

1.　音声又は映像
2.　符号
3.　信号
4.　音声その他の音響

答 4 ☞ 192 ページ〔3〕参照

〔4〕無線従事者免許証を返納しなければならないのは、次のどれか。

1.　無線設備の操作を 5 年以上行わなかったとき。
2.　3 か月間業務に従事することを停止されたとき。
3.　無線従事者が失そうの宣告を受けたとき。
4.　無線従事者の免許を受けた日から 5 年が経過したとき。

答 3 ☞ 134 ページ参照
無線従事者が死亡または失そうした場合：無線従事者が死亡し、または失そう（7 年間生死不明のため、死んだものとみなすこと）の宣告を受けたとき、届出義務者は、延滞なく、その無線従事者免許証を、総務大臣または総合通信局長に返納しなければならない。（従事者 51 の 2）

〔5〕無線従事者が総務大臣から 3 か月以内の期間を定めてその業務に従事することを停止されることがあるのは、次のどの場合か。

1.　免許証を失ったとき。
2.　電波法に違反したとき。
3.　免許状を失ったとき。
4.　無線局の運用を休止したとき。

答 2 ☞ 164 ページ参照

〔6〕無線局が総務大臣から臨時に電波の発射の停止を命じられることがある場合は、次のどれか。

1.　暗語を使用して通信を行ったとき。
2.　総務大臣が当該無線局の発射する電波の質が総務省令で定めるものに適合していないと認めるとき。
3.　発射する電波が他の無線局の通信に混信を与えたとき。
4.　免許状に記載された空中線電力の範囲を超えて運用したとき。

答 2 ☞ 161 ページ参照

法　　　　規

〔7〕 無線電話通信において、通報を確実に受信した
ときに送信することになっている略語は、次の
どれか。

1.　終わり
2.　受信しました
3.　「了解」又は「OK」
4.　ありがとう

　答 3　☞ 189 ページ〔12〕解説参照

〔8〕 次の「　　」内は、アマチュア局が無線電話によ
り免許状に記載された通信の相手方である無線
局を一括して呼び出す場合に順次送信する事項
であるが、□□内に入れるべき字句を下の番号
から選べ。

```
「1　各局　（CQ）　　　　□□
 2　こちらは　　　　　　1 回
 3　自局の呼出符号　　　3 回以下
 4　どうぞ　　　　　　　1 回　　」
```

1.　3 回
2.　5 回以下
3.　10 回以下
4.　数回

　答 1　☞ 148 ページ参照

〔9〕 他の無線局等に混信その他の妨害を与える場合
であっても、アマチュア局が行うことができる
通信は、次のどれか。

1.　非常の場合の無線通信の訓練のために行う通
信。
2.　無線機器の調整をするために行う通信。
3.　現行犯人の逮捕に関する通信。
4.　非常通信。

　答 4　☞ 136 ページ参照

〔10〕 免許人が免許状に記載された事項に変更を生じ
たときにとらなければならない措置は、次のど
れか。

1.　免許状の発給者に電話でその内容を連絡す
る。
2.　自ら免許状を訂正し、承認を受ける。
3.　再免許を申請する。
4.　免許状の訂正を受ける。

　答 4　☞ 122 ページ参照

〔11〕 次の文は、アマチュア局における発射の制限に
関する無線局運用規則の規定であるが、□□内
に入れるべき字句を下の番号から選べ。

　「アマチュア局においては、その発射の占有す
る□□に含まれているいかなるエネルギーの
発射も、その局が動作することを許された周波
数帯から逸脱してはならない。」

1.　特性周波数
2.　周波数帯幅
3.　基準周波数
4.　周波数

　答 2　☞ 193 ページ〔12〕参照

〔12〕 無線局は、無線設備の機器の試験又は調整を行
うために運用するには、なるべく何を使用しな
ければならないか。次のうちから選べ。

1.　水晶発振回路
2.　擬似空中線回路
3.　高調波除去装置
4.　空中線電力の低下装置

　答 2　☞ 157 ページ参照

無 線 工 学

〔13〕図に示すように、磁極の間に置いた導体に紙面の表から裏へ向かって電流が流れたとき、磁極 N、S による磁力線の方向と導体の受ける力の方向との組合せで、正しいのは次のうちどれか。

磁力線の方向　力の方向

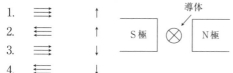

1. ≡　↑
2. ≣　↑
3. ≡　↓
4. ≣　↓

［答］2

図のように表側から裏に向かって電流が流れた場合、導体の下部分は磁石 N 極から S 極に向かうの磁力線と導体の発生する磁力線が加わり、密度が大きくなります。一方で導体の上部分は磁石からの磁力線と導体からの磁力線が互いに打ち消し合って密度が小さくなります。

このことから、導体は下からの磁力線に押されて上方向に動きます（フレミングの左手の法則）。

〔14〕エミッタ接地トランジスタ増幅器において、コレクタ電圧を一定にして、ベース電流を 3〔mA〕から 4〔mA〕に変えたところ、コレクタ電流が 180〔mA〕から 240〔mA〕に増加した。このトランジスタの電流増幅率は幾らか。

1. 30
2. 40
3. 50
4. 60

［答］4
解き方：電流増幅率 $= \dfrac{\text{コレクタ電流の変化分}}{\text{ベース電流の変化分}}$

〔15〕次の記述は、FM（F3E）通信方式の一般的な特徴について述べたものである。誤っているのはどれか。

1. 同じ周波数の妨害波があっても、受信希望の信号波が強ければ妨害波は抑圧される。
2. 周波数偏移を大きくしても、占有周波数帯幅は変わらない。

3. 受信レベルが少しくらい変動しても、出力レベルはほぼ一定である。
4. AM（A3E）通信方式に比べて、受信機出力の音質が良い。

［答］2　☞53 ページ問題 11 解説③参照

〔16〕送信機の周波数逓倍器は、どのような目的で設けられることがあるか。

1. 発振器の発振周波数を整数倍して、希望の周波数にするため
2. 発振器の発振周波数から低調波を取り出すため
3. 発振器の発振周波数が変動するのを防ぐため
4. 高調波に同調させて、これを抑圧するため

［答］1　☞46 ページ問題 1 解説⑤参照

〔17〕スーパヘテロダイン受信機において、中間周波変成器（IFT）の調整が崩れ、帯域幅が広がるとどうなるか。

1. 強い電波を受信しにくくなる。
2. 周波数選択度が良くなる。
3. 近接周波数による混信を受けやすくなる。
4. 出力の信号対雑音比が良くなる。

［答］3　☞64 ページ問題 6 解説②参照

〔18〕図は、FM（F3E）受信機の構成の一部を示したものである。空欄の部分に入れるべき名称で、正しいのは次のうちどれか。

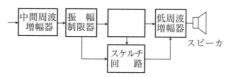

1. 周波数弁別器
2. 緩衝増幅器
3. クラリファイヤ（又は RIT）
4. 周波数逓倍器

［答］1　☞68 ページ問題 14 解説参照

無 線 工 学

〔19〕送信機で 28〔MHz〕の周波数の電波を発射したところ、FM 放送受信に混信を与えた。送信側で考えられる混信の原因で、正しいのは次のうちどれか。

1. スケルチを強くかけすぎている。
2. 同軸給電線が断線している。
3. $\frac{1}{3}$ 倍の低調波が発射されている。
4. 第 3 高調波が強く発射されている。

答 4 ☞ 191 ページ〔19〕参照

〔20〕送信設備から電波が発射されているとき、BCI の発生原因として挙げられた次の状態及び現象のうち、誤っているのはどれか。

1. アンテナ結合回路の結合度が疎になっている。
2. 送信アンテナが送電線に接近している。
3. 広帯域にわたり強い不要輻射がある。
4. 寄生振動が発生している。

答 1 ☞ 74 ページ問題 6 および解説参照

〔21〕端子電圧 2〔V〕の蓄電池 3 個を図のように接続し、端子 ab 間の電圧を測定するには、最大目盛値が何ボルトの直流電圧計を用いればよいか。また、電圧計の端子をどのように接続したらよいか。次の組合せのうちから、正しいものを選べ。

a ○—|├—|├—|├—○ b

	最大目盛値	接続方法
1.	5〔V〕	⊕端子を a に、⊖端子を b につなぐ。
2.	5〔V〕	⊕端子を b に、⊖端子を a につなぐ。
3.	10〔V〕	⊕端子を a に、⊖端子を b につなぐ。
4.	10〔V〕	⊕端子を b に、⊖端子を a につなぐ。

答 3 ☞ 87 ページ問題 14 解説①、②参照
（直流電圧系の端子は＋と＋、−と−を接続する）

〔22〕次の記述は、図に示したアンテナについて述べたものである。□□□内に入れるべき字句の組合せで、正しいのはどれか。

図のアンテナは、□A□アンテナと呼ばれ、電波の波長を λ で表したとき、アンテナ素子の長さ ℓ は □B□ であり、水平面内の指向性は全方向性（無指向性）である。

アンテナ

	A	B
1.	ダイポール	λ/4
2.	ブラウン（グランドプレーン）	λ/4
3.	ダイポール	λ/2
4.	ブラウン（グランドプレーン）	λ/2

答 2 ☞ 93 ページ問題 8 解説①参照

〔23〕超短波（VHF）帯の伝わり方の特徴で、誤っているのは次のうちどれか。

1. 直接波を利用できない。
2. 電離層を突き抜ける。
3. 大地で反射する。
4. 地表波はすぐ減衰する。

答 1 ☞ 99 ページ問題 2 解説図参照
VHF 帯通信で使用するのは直接波です。

〔24〕一次巻線と二次巻線の比が 1：3 の電源変圧器において、一次側に AC100〔V〕を加えたとき、二次側に現れる電圧は幾らか。

1. 33.3〔V〕
2. 173〔V〕
3. 300〔V〕
4. 900〔V〕

答 3
電源トランスの巻数と電圧は比例関係にあります。

電圧	巻数
一次側：二次側 ＝ 一次側：二次側	

二次側に現れる電圧を e2 として上の比例式に問題の数値を代入すると、

100：e2 ＝ 1：3

e2 × 1 ＝ 100 × 3　∴ e2 ＝ 300〔V〕

法　　　　規

〔1〕 免許人が無線設備の設置場所を変更しようとするときは、どうしなければならないか。次のうちから選べ。

1. あらかじめ免許状の訂正を受けた後、無線設備の設置場所を変更する。
2. 無線設備の設置場所を変更した後、総務大臣に届け出る。
3. あらかじめ総務大臣に届け出て、その指示を受ける。
4. あらかじめ総務大臣に申請し、その許可を受ける。

答 4 ☞ 121 ページ参照

〔2〕 免許人は、その無線局を廃止するときは、どうしなければならないか。次のうちから選べ。

1. その旨を連絡して指示を受ける。
2. 申請して許可を受ける。
3. その旨を届け出る。
4. 送信装置を撤去する。

答 3 ☞ 125 ページ参照

〔3〕 次の文は、周波数の安定のための条件に関する無線設備規則の規定であるが◯◯◯内に入れるべき字句を下の番号から選べ。

「周波数をその許容偏差内に維持するため、発振回路の方式は、できる限り◯◯◯によって影響を受けないものでなければならない。」

1. 外囲の温度若しくは湿度の変化
2. 電源若しくは電流の変化
3. 電源電圧又は負荷の変化
4. 振動又は衝撃

答 1 ☞ 129 ページ参照

〔4〕 次の文は、第四級アマチュア無線技士が行うことができる無線設備の操作について、電波法施行令の規定に沿って述べたものであるが、◯◯◯内に入れるべき字句を下の番号から選べ。

「アマチュア無線局の空中線電力 10 ワット以下の◯◯◯で 21 メガヘルツから 30 メガヘルツまで又は 8 メガヘルツ以下の周波数の電波を使用するものの操作（モールス符号による通信操作を除く。）」

1. 無線電話
2. 無線電信
3. テレビジョン
4. 無線設備

答 4 ☞ 132 ページ参照

〔5〕 無線従事者の免許が取り消されることがあるのは、次のどの場合か。

1. 電波法若しくは電波法に基づく命令又はこれらに基づく処分に違反したとき。
2. 引き続き 6 か月以上無線設備の操作を行わなかったとき。
3. 日本の国籍を失ったとき。
4. 免許証を失ったとき。

答 1 ☞ 165 ページ参照

〔6〕 免許人が電波法に基づく処分に違反したとき、その無線局について総務大臣から受けることがある処分は、次のどれか。

1. 電波の型式の制限
2. 周波数の制限
3. 再免許の拒否
4. 通信事項の制限

答 2 ☞ 163 ページ参照

法　　　規

〔7〕免許人が、1か月以内に免許状を返納しなければならない場合は、次のどれか。

1. 無線局の免許を取り消されたとき。
2. 無線局の運用の停止を命ぜられたとき。
3. 免許人の住所を変更したとき。
4. 臨時に電波の発射の停止を命ぜられたとき。

答 1 ☞ 169 ページ参照

〔8〕電波法の規定により、無線局がなるべく擬似空中線回路を使用しなければならないのは、次のどの場合か。

1. 他の無線局の通信に妨害を与えるおそれがあるとき。
2. 工事設計書に記載した空中線を使用できないとき。
3. 無線設備の機器の試験又は調整を行うとき。
4. 物件に損傷を与えるおそれがあるとき。

答 3 ☞ 157 ページ参照

〔9〕次の文は、無線局運用規則の規定であるが、□□□内に入れるべき字句を下の番号から選べ。

「無線通信は、正確に行うものとし、通信上の誤りを知ったときは、□□□」

1. 初めから更に送信しなければならない。
2. 通報の送信が終わった後、訂正箇所を通知しなければならない。
3. 直ちに訂正しなければならない。
4. 適宜に通報の訂正を行わなければならない。

答 3 ☞ 140 ページ参照

〔10〕アマチュア局が呼出しを反復しても応答がないときは、できる限り、少なくとも何分間の間隔をおかなければ呼出しを再開してはならないか。次のうちから選べ。

1. 3 分間
2. 5 分間
3. 10 分間
4. 15 分間

答 1 ☞ 150 ページ参照

〔11〕無線電話通信において、「さようなら」を送信することになっている場合は、次のどれか。

1. 無線機器の試験又は調整を終わったとき。
2. 通報を確実に受信したとき。
3. 通報の送信を終了したとき。
4. 通信が終了したとき。

答 4 ☞ 189 ページ〔12〕解説参照

〔12〕無線局が無線機器の試験又は調整のため電波の発射を必要とするとき、発射する前に自局の発射しようとする電波の周波数及びその他必要と認める周波数によって聴取して確かめなければならないのは、次のどれか。

1. 非常の場合の無線通信が行われていないこと。
2. 他の無線局の通信に混信を与えないこと。
3. 他の無線局が通信を行っていないこと。
4. 受信機が最良の状態にあること。

答 2 ☞ 157 ページ参照

無 線 工 学

〔13〕図に示す正弦波交流において、周期と振幅との組合せで、正しいのはどれか。

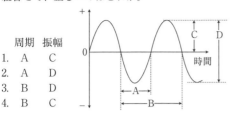

	周期	振幅
1.	A	C
2.	A	D
3.	B	D
4.	B	C

答 4

周期：プラス波とマイナス波の一組を周期と言います。振幅：交流波形のプラス側の最大値を振幅といいます。

〔14〕図に示す回路において、点 ab 間の電圧は幾らか。

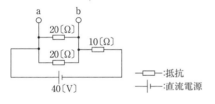

□——□：抵抗
—|┤—：直流電源

1. 10〔V〕
2. 20〔V〕
3. 30〔V〕
4. 40〔V〕

答 2　☞ 20 ページ問題 7 解説①～⑤を参照

並列合成抵抗 $\frac{1}{R'} = \frac{1}{20} + \frac{1}{20} = \frac{2}{20}$　∴ $R' = 10$〔Ω〕

回路の合成抵抗 $R = 10 + 10 = 20$〔Ω〕

回路を流れる電流 $I = \frac{40}{20} = 2$〔A〕

ab 間の電圧 $E_{ab} = I \times R' = 2 \times 10 = 20$〔V〕

〔15〕SSB (J3E) 送信機において、搬送波の抑圧に役立っているのはどれか。

1. ALC 回路
2. VOX 回路
3. 平衡変調器
4. クラリファイヤ（又は RIT）

答 3　☞ 50 ページ問題 7 解説②参照

〔16〕送信機の周波数逓倍器は、どのような目的で設けられることがあるか。

1. 発振器の発振周波数が変動するのを防ぐため
2. 発振器の発振周波数から低調波を取り出すため
3. 発振器の発振周波数を整数倍して、希望の周波数にするため
4. 高調波に同調させて、これを抑圧するため

答 3　☞ 46 ページ問題 1 解説⑤参照

〔17〕FM (F3E) 受信機において、復調器として用いられるのは、次のうちどれか。

1. 周波数弁別器
2. リング検波器
3. 二乗検波器
4. ヘテロダイン検波器

答 1　☞ 68 ページ問題 14 解説参照

〔18〕次の記述の 内に入れるべき字句の組合せで、正しいのはどれか。

フェージングなどにより受信電波が時間とともに変化する場合、電波が強くなったときには受信機の利得を A 、また、電波が弱くなったときには利得を B て、受信機の出力を一定に保つ働きをする回路を C という。

	A	B	C
1.	上げ	下げ	AGC 回路
2.	下げ	上げ	AGC 回路
3.	上げ	下げ	AFC 回路
4.	下げ	上げ	AFC 回路

答 2　☞ 65 ページ問題 8 解説②参照

無 線 工 学

〔19〕受信機に電波障害を与えるおそれが最も低いものは、次のうちどれか。

1. 電波時計
2. 電気溶接機
3. 高周波ミシン
4. 自動車の点火プラグ

答 1 ☞207 ページ〔19〕参照

〔20〕送信設備から電波が発射されているとき、BCIの発生原因として挙げられた次の状態及び現象のうち、誤っているのはどれか。

1. 広帯域にわたり強い不要輻射がある。
2. 寄生振動が発生している。
3. 送信アンテナが電灯線（低圧配電線）に接近している。
4. アンテナ結合回路の結合度が疎になっている。

答 4 ☞74 ページ問題 6 および解説参照

〔21〕次の記述は、リチウムイオン蓄電池の特徴について述べたものである。□□□内に入れるべき字句の組合せで、正しいのはどれか。

リチウムイオン蓄電池は、小型軽量電池 1 個当たりの端子電圧は 1.2〔V〕より □A□ 。また、自然に少しずつ放電する自己放電量がニッケルカドミウム蓄電池より少なく、メモリー効果がないので、継ぎ足し充電が □B□ 。

	A	B
1.	低い	できない
2.	低い	できる
3.	高い	できない
4.	高い	できる

答 4 ☞88 ページ問題 16 解説参照

〔22〕八木アンテナ（八木・宇田アンテナ）の導波器の素子数が増えた場合、アンテナの性能はどうなるか。

1. 指向性が広がる。
2. 最大指向方向が逆転する。
3. 利得が上がる。
4. 到達距離が短くなる。

答 3 ☞95 ページ問題 10 解説③参照

〔23〕次の記述の□□□内に入れるべき字句の組合せで、正しいのはどれか。

電波が電離層を突き抜けるときの減衰は、周波数が高いほど □A□ 、反射されるときの減衰は、周波数が高いほど □B□ なる。

	A	B
1.	小さく	大きく
2.	大きく	大きく
3.	小さく	小さく
4.	大きく	小さく

答 1 ☞195 ページ〔23〕参照

〔24〕アンテナに供給される電力を通過型電力計で測定したところ、進行波電力 9〔W〕、反射波電力 1〔W〕であった。アンテナへ供給された電力は幾らか。

1. 6〔W〕
2. 8〔W〕
3. 9〔W〕
4. 10〔W〕

答 2 ☞113 ページ問題 14 参照

第４級アマチュア無線技士試験問題 10
法　　規

〔1〕アマチュア局（人工衛星等のアマチュア局を除く。）の再免許の申請の期間は、免許の有効期間満了前いつからいつまでか。次のうちから選べ。

1. 1か月以上1年を超えない期間
2. 2か月以上6か月を超えない期間
3. 3か月以上6か月を超えない期間
4. 6か月以上1年を超えない期間

答 1　☞123ページ参照

〔2〕アマチュア局の免許人が、総務省令で定める場合を除き、あらかじめ総合通信局長（沖縄総合通信事務所長を含む。）の許可を受けなければならない場合は、次のどれか。

1. 無線局の運用を休止しようとするとき。
2. 免許状の訂正を受けようとするとき。
3. 無線局を廃止しようとするとき。
4. 無線設備の変更の工事をしようとするとき。

答 4　☞121ページ参照

〔3〕電波の質を表すものとして、電波法に規定されているものは、次のどれか。

1. 空中線電力の偏差
2. 高調波の強度
3. 信号対雑音比
4. 変調度

答 2　☞126ページ参照

〔4〕無線従事者の免許を与えられないことがある者は、次のどれか。

1. 刑法に規定する罪を犯し、罰金以上の刑に処せられ、その執行を終わった日から2年を経過しない者
2. 一定の期間内にアマチュア局を開設する計画のない者
3. 住民票の住所と異なる所に居住している者
4. 無線従事者の免許を取り消され、取消しの日から2年を経過しない者

答 4

無線従事者の免許を与えない場合：「無線従事者の免許を取り消され、取り消しの日から2年を経過しない者。」（法42条）

〔5〕無線局の発射する電波の質が総務省令で定めるものに適合していないと認められるとき、その無線局についてとられることがある措置は、次のどれか。

1. 免許を取り消される。
2. 空中線の撤去を命じられる。
3. 臨時に電波の発射の停止を命じられる。
4. 周波数又は空中線電力の指定を変更される。

答 3　☞161ページ参照

〔6〕アマチュア局の免許人は、無線局の免許を受けた日から起算してどれほどの期間内に、また、その後毎年その免許の日に応答する日（応答する日がない場合は、その翌日）から起算してどれほどの期間内に電波法の規定により電波利用料を納めなければならないか。次のうちから選べ。

1. 10日
2. 30日
3. 2か月
4. 3か月

答 2　☞167ページ参照

〔7〕電波法の規定により、無線局がなるべく擬似空中線回路を使用しなければならないのは、次のどの場合か。

1. 他の無線局の通信に妨害を与えるおそれがあるとき。
2. 工事設計書に記載した空中線を使用できないとき。
3. 無線設備の機器の試験又は調整を行うとき。
4. 物件に損傷を与えるおそれがあるとき。

答 3 ☞ 157 ページ参照

〔8〕免許人が免許状を失ったために免許状の再交付を受けようとするときの手続きは、次のどれか。

1. その旨を届け出る。
2. 無線局再免許申請書を提出する。
3. その旨を付記した運用休止届を提出する。
4. 理由を記載した申請書を提出する。

答 4
アマチュア局の免許状：免許人は、免許状を破損し、汚し、失った等のために免許状の再交付の申請をしようとするときは、理由及び免許の番号並びに識別信号を記載した申請書を総務大臣又は総合通信局長に提出しなければならない。（手続 23 条参照）

〔9〕次の「　　」内は、アマチュア局が無線電話により応答する場合に順次送信する事項であるが、　　内に入れるべき字句を下の番号から選べ。

```
「1　相手局の呼出符号　　　　□
　2　こちらは　　　　　　　1回
　3　自局の呼出符号　　　　1回　」
```

1. 3 回以下
2. 5 回
3. 10 回以下
4. 数回

答 1 ☞ 148 ページ参照

〔10〕アマチュア局は、他人の依頼による通報を送信することができるかどうか、次のうちから選べ。

1. できる。
2. できない。
3. 内容が簡単であればできる。
4. やむを得ないと判断したものはできる。

答 2 ☞ 160 ページ参照

〔11〕アマチュア局は、自局の発射する電波がテレビジョン放送又はラジオ放送の受信等に支障を与えるときは、非常の場合の無線通信等を行う場合を除き、どのようにしなければならないか。次のうちから選べ。

1. 注意しながら電波を発射する。
2. 障害の状況を把握し、適切な措置をしてから電波を発射する。
3. 空中線電力を小さくする。
4. 速やかに当該周波数による電波の発射を中止する。

答 4 ☞ 159 ページ参照

〔12〕無線局運用規則において、無線通信の原則として規定されているものは、次のどれか。

1. 無線通信は、長時間継続して行ってはならない。
2. 無線通信に使用する用語は、できる限り簡潔でなければならない。
3. 無線通信は、有線通信を利用することができないときに限り行うものとする。
4. 無線通信を行う場合においては、略符号以外の用語を使用してはならない。

答 2 ☞ 140 ページ参照

無 線 工 学

〔13〕図に示す回路において、端子 ab 間の合成静電容量の値で、正しいのはどれか。

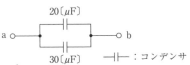

1. 10〔μF〕
2. 12〔μF〕
3. 30〔μF〕
4. 50〔μF〕

答 4
コンデンサの並列接続の合成容量は双方のコンデンサの値を足したものとなります。（抵抗の合成計算と逆になる）

〔14〕図は、トランジスタ増幅器の $V_{BE} - I_C$ 特性曲線の一例である。特性の P 点を動作点とする増幅方式の名称として、正しいのは次のうちどれか。

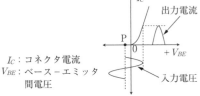

I_C：コネクタ電流
V_{BE}：ベース－エミッタ間電圧

1. A 級増幅
2. B 級増幅
3. C 級増幅
4. AB 級増幅

答 3 ☞ 37 ページ問題 6 解説①、②および 38 ページ問題 7 参照

〔15〕SSB (J3E) 送信機において、下側波帯又は上側波帯のいずれか一方のみを取り出す目的で設けるものは、次のうちどれか。

1. 帯域フィルタ（BPF）
2. 周波数逓倍器
3. 緩衝増幅器
4. 周波数弁別器

答 1 ☞ 51 ページ問題 7 解説②参照

〔16〕直接 FM 方式の FM (F3E) において、大きな音声信号が加わったときに周波数偏移を一定以内に収めるためには、図の空欄に何を設ければよいか。

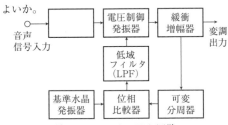

1. AGC 回路
2. IDC 回路
3. 音声増幅器
4. BFO 回路

答 2 ☞ 53 ページ問題 11 解説③参照

〔17〕スーパヘテロダイン受信機に直線検波が用いられる理由で、誤っているのは次のうちどれか。

1. 大きな中間周波出力電圧が検波器に加わるから
2. 入力が小さくても大きな検波出力が取り出せるから
3. 大きな入力に対してひずみが少ないから
4. 忠実度をよくすることができるから

答 2
直線検波：出力電圧が入力電圧に比例するような回路を直線検波といい、入力が大きいとき、入出力の関係が直線的になります。直線検波器にはダイオードが用いられ、長所は大きな入力に対してひずみが少ない、忠実度が良いなどです。また、短所は入力電圧が小さいと、出力のひずみが大きくなることです。

〔18〕無線受信機のスピーカから大きな雑音が出ているとき、これが外来雑音によるものかどうかを確かめる方法で、正しいのは次のうちどれか。

1. アンテナ端子とアース端子間を導線でつなぐ。
2. アース線を外し、受信機の同調をずらす。
3. アンテナ端子とアース端子間を高抵抗でつなぐ。
4. アンテナを外し、新しい別のアンテナと交換する。

答 1 ☞ 214 ページ〔18〕参照

無　線　工　学

〔19〕アマチュア局から発射された 435〔MHz〕帯の基本波が地デジ（地上デジタルテレビ放送 470 〜 710〔MHz〕）のアンテナ直下型受信ブースタに混入し電波障害を与えた。この防止対策として、地デジアンテナと受信用ブースタとの間に挿入すればよいのは、次のうちどれか。

1.　ラインフィルタ
2.　トラップフィルタ（BEF）
3.　同軸避雷器
4.　SWR メータ

〔答〕2　☞ 77 ページ問題 14 参照

〔20〕50〔MHz〕の電波を発射したところ、150〔MHz〕の電波を受信している受信機に妨害を与えた。送信機側で考えられる妨害の原因は、次のうちどれか。

1.　第 2 高調波が強く発射されている。
2.　第 3 高調波が強く発射されている。
3.　第 4 高調波が強く発射されている。
4.　第 5 高調波が強く発射されている。

〔答〕2　☞ 191 ページ〔19〕参照

〔21〕交流入力 50〔Hz〕の全波整流回路の出力に現れる脈流の周波数は幾らか。

1.　　25〔Hz〕
2.　　50〔Hz〕
3.　100〔Hz〕
4.　150〔Hz〕

〔答〕3　☞ 83 ページ問題 8 および解説⑥参照

〔22〕水平面内の指向性が図のようになるアンテナは、次のうちどれか。ただし、点 P は、アンテナの位置を示す。

指向性

P

1.　八木アンテナ（八木・宇田アンテナ）
2.　ホイップアンテナ
3.　スリーブアンテナ
4.　垂直半波長ダイポールアンテナ

〔答〕1　☞ 95 ページ問題 10 解説②および問題 11 参照

〔23〕超短波（VHF）帯では、一般にアンテナの高さを高くした方が、電波の通達距離が伸びるのはなぜか。

1.　見通し距離が延びるから
2.　スポラディック E 層反射によって伝わりやすくなるから
3.　空電雑音の影響が少なくなるから
4.　地表波の減衰が少なくなるから

〔答〕1　☞ 99 ページ問題 2 解説の図および 207 ページ〔23〕参照

〔24〕次の記述の　　　　内に入れるべき字句の組合せで、正しいのはどれか。

直列抵抗器（倍率器）は　A　の測定範囲を広げるために用いられるもので、計器に　B　に接続して使用する。

	A	B
1.	電流計	並列
2.	電流計	直列
3.	電圧計	並列
4.	電圧計	直列

〔答〕4　☞ 109 ページ問題 6 および 108 ページ問題 3 解説参照

法　　　規

〔1〕 アマチュア局の免許人が、総務省令で定める場合を除き、あらかじめ総合通信局長（沖縄総合通信事務所長を含む。）の許可を受けなければならない場合は、次のどれか。

1. 無線設備の変更の工事をしようとするとき。
2. 無線局の運用を休止しようとするとき。
3. 免許状の訂正を受けようとするとき。
4. 無線局を廃止しようとするとき。

答 1 ☞ 121 ページ参照

〔2〕 免許人は、その無線局を廃止するときは、どうしなければならないか。次のうちから選べ。

1. 無線局免許申請書の写しを提出する。
2. 申請して許可を受ける。
3. その旨を届け出る。
4. その旨を連絡して指示を受ける。

答 3 ☞ 125 ページ参照

〔3〕 次の文は、周波数の安定のための条件に関する無線設備規則の規定であるが、□□□内に入れるべき字句を下の番号から選べ。

「周波数をその許容偏差内に維持するため、発振回路の方式は、できる限り□□□によって影響を受けないものでなければならない。」

1. 外囲の温度若しくは湿度の変化
2. 電源若しくは電流の変化
3. 電源電圧又は負荷の変化
4. 振動又は衝撃

答 1 ☞ 130 ページ参照

〔4〕 無線従事者の免許を与えられないことがある者は、次のどれか。

1. 刑法に規定する罪を犯し、罰金以上の刑に処せられ、その執行を終わった日から2年を経過しない者
2. 一定の期間内にアマチュア局を開設する計画のない者
3. 住民票の住所と異なる所に居住している者
4. 無線従事者の免許を取り消され、取消しの日から2年を経過しない者

答 4 ☞ 224 ページ〔4〕参照

〔5〕 無線従事者が総務大臣から3か月以内の期間を定めてその業務に従事することを停止されることがあるのは、次のどの場合か。

1. 免許証を失ったとき。
2. 電波法に違反したとき。
3. 従事する無線局が廃止されたとき。
4. 無線局の運用を休止したとき。

答 2 ☞ 164 ページ参照

〔6〕 アマチュア局の免許人は、無線局の免許を受けた日から起算してどれほどの期間内に、また、その後毎年その免許の日に応答する日（応答する日がない場合は、その翌日）から起算してどれほどの期間内に電波法の規定により電波利用料を納めなければならないか。次のうちから選べ。

1. 10 日
2. 30 日
3. 2 か月
4. 3 か月

答 2 ☞ 167 ページ参照

法　　　規

〔7〕 次の①から③までの事項は、無線電話により試験電波を発射する場合に送信する事項である。□□□内に入れるべき字句を下の番号から選べ。

「①　ただいま試験中　　　□□□
　②　こちらは　　　　　　１回
　③　自局の呼出符号　　　３回　」

1.　3回
2.　5回
3.　10回以下
4.　数回

答 1　☞ 156 ページ参照

〔8〕 移動するアマチュア局（人工衛星に開設するものを除く。）の免許状は、どこに備え付けておかなければならないか。次のうちから選べ。

1.　無線設備の常置場所
2.　受信装置のある場所
3.　免許人の住所
4.　無線局事項書の写しを保管している場所

答 1
業務書類：免許状の備え付け…移動するアマチュア局（人工衛星に開設するものを除く。）の免許状は、その無線設備の常置場所に備え付けておかなければならない。（規則 38 条参照）

〔9〕 無線局運用規則において、無線通信の原則として規定されているものは、次のどれか。

1.　無線通信は、長時間継続して行ってはならない。
2.　無線通信に使用する用語は、できる限り簡潔でなければならない。
3.　無線通信は、有線通信を利用することができないときに限り行うものとする。
4.　無線通信を行う場合においては、略符号以外の用語を使用してはならない。

答 2　☞ 140 ページ参照

〔10〕 次の文は、電波法施行規則に規定する「混信」の定義であるが、□□□内に入れるべき字句を下の番号から選べ。

「他の無線局の正常な業務の運行を□□□する電波の発射、輻射又は誘導をいう。」

1.　停止
2.　中断
3.　妨害
4.　制限

答 3　☞ 197 ページ〔11〕参照

〔11〕 非常の場合の無線通信において、無線電話により連絡を設定するための呼出しは、次のどれによって行うことになっているか。

1.　呼出事項に「非常」１回を前置する。
2.　呼出事項に「非常」３回を前置する。
3.　呼出事項の次に「非常」１回を送信する。
4.　呼出事項の次に「非常」３回を送信する。

答 2　☞ 158 ページ参照

〔12〕 アマチュア局の無線電話通信において、応答に際し 10 分以上たたなければ通報を受信することができない事項があるとき、応答事項の次に送信することになっているのは、次のどれか。

1.　「どうぞ」及び分で表す概略の待つべき時間
2.　「お待ちください」及び呼出しを再開すべき時刻
3.　「どうぞ」及び通報を受信することができない事由
4.　「お待ちください」、分で表す概略の待つべき時間及びその理由

答 4　☞ 152 ページ参照

無 線 工 学

〔13〕コイルの中に鉄などの磁性体を入れると、その自己インダクタンスはどうなるか。

1. 小さくなる。
2. 変わらない。
3. 大きくなる。
4. 不安定となる。

〔答〕3 ☞21 ページ問題 8 解説①参照

〔14〕搬送波の振幅を A、信号波の振幅を B としたとき、振幅変調（A3E）波の変調度 M を表す次の式の □ 内に入れるべきものはどれか。

$$M = \dfrac{\boxed{}}{A} \times 100 \,〔\%〕$$

1. A ＋ B
2. A － B
3. B － A
4. B

〔答〕4 ☞41 ページ問題 12 解説①参照

〔15〕FM（F3E）送信機では、音声信号によって搬送波をどのように変化させるか。

1. 搬送波の発射を断続させる。
2. 振幅を変化させる。
3. 周波数を変化させる。
4. 振幅と周波数をともに変化させる。

〔答〕3 ☞53 ページ問題 11 解説①および②参照

〔16〕無線電話送受信装置において、プレストークボタン（PTT スイッチ）を押すとどのような動作状態になるか。

1. アンテナが送信機に接続され、送信状態になる。
2. アンテナが受信機に接続され、送信状態になる。
3. アンテナが送信機と受信機に接続され、送受信状態となる。
4. アンテナが受信機に接続され、受信状態となる。

〔答〕1 ☞59 ページ問題 26 解説 2 参照

〔17〕SSB（J3E）受信機で受信しているときに受信周波数がずれてスピーカから聞こえる音声がひずんできた場合、どのようにしたらよいか。

1. AGC 回路を断（OFF）にする。
2. クラリファイヤ（又は RIT）を調整し直す。
3. 帯域フィルタ（BPF）の通過帯域幅を狭くする。
4. 音量調整器を回して音量を大きくする。

〔答〕2 ☞66 ページ問題 12 解説②および⑤参照

〔18〕スーパヘテロダイン受信機に直線検波が用いられる理由で、誤っているのはどれか。

1. 忠実度を良くすることができるから
2. 大きな入力に対してひずみが少ないから
3. 大きな中間周波出力電圧が検波器に加わるから
4. 入力が小さくても大きな検波出力が取り出せるから

〔答〕4 ☞226 ページ〔17〕参照

無　線　工　学

〔19〕他の無線局に受信障害を与えるおそれが最も低いのは、次のどれか。

1. 送信電力が低下したとき
2. 寄生振動があるとき
3. 高調波が発射されたとき
4. 妨害を受ける受信アンテナが近いとき

答 1　☞76 ページ問題 10 および解説参照

〔20〕送信機で 28〔MHz〕の周波数の電波を発射したところ、FM 放送受信に混信を与えた。送信側で考えられる混信の原因で正しいのはどれか。

1. $\frac{1}{3}$ 倍の低調波が発射されている。
2. 第 3 高調波が強く発射されている。
3. スケルチを強くかけすぎている。
4. 送信周波数の設定がわずかにずれている。

答 2　☞191 ページ〔19〕参照

〔21〕図に示す整流回路の名称と出力側 a 点の電圧の極性との組合せで、正しいのは次のうちどれか。

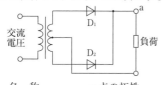

	名　称	a 点の極性
1.	全波整流回路	正
2.	半波整流回路	負
3.	半波整流回路	正
4.	全波整流回路	負

答 1　☞80 ページ問題 4 および解説参照

〔22〕次の記述の 　　 内に入れるべき字句の組合せで、正しいものはどれか。

電波は、電界と磁界が A になっており、 B が大地と平行になっている電波を水平偏波という。

	A	B
1.	平行	電界
2.	直角	磁界
3.	直角	電界
4.	平行	磁界

答 3　☞191 ページ〔22〕参照

〔23〕次の記述の 　　 内に入れるべき字句の組合せで、正しいものはどれか。

スポラディック E 層は、 A の昼間に多く発生し、 B 帯の電波を反射することがある。

	A	B
1.	夏季	SHF
2.	夏季	VHF
3.	冬季	VHF
4.	冬季	SHF

答 2　☞104 ページ問題 12 および 105 ページ問題 13 参照

〔24〕ディップメーターの用途で、正しいのは次のうちどれか。

1. アンテナの SWR の測定
2. 高周波電圧の測定
3. 送信機の占有周波数帯幅の測定
4. 同調回路の共振周波数の測定

答 4　☞110 ページ問題 10 および解説参照

法　　　規

〔1〕総務大臣又は総合通信局長（沖縄総合通信事務所長を含む。）が無線局の再免許の申請を行った者に対して、免許を与えるときに指定する事項はどれか。次のうちから選べ。

1. 通信の相手方
2. 無線設備の設置場所
3. 空中線の型式及び構成
4. 電波の型式及び周波数

答 4　☞124 ページ参照

〔2〕免許人が無線設備の変更の工事（総務省令で定める軽微な事項を除く。）をしようとするときの手続は、次のどれか。

1. 直ちにその旨を報告する。
2. 直ちにその旨を届け出る。
3. あらかじめ許可を受ける。
4. あらかじめ指示を受ける。

答 3　☞122 ページ参照

〔3〕次の文は、電波法施行規則に規定された定義の一つであるが、何についてのものか。下の番号から選べ。

「送信装置と送信空中線系とから成る電波を送る設備をいう。」

1. 電気的設備
2. 送信設備
3. 無線設備
4. 通信設備

答 2
送信設備の定義：「送信装置と送信空中線系とから成る電波を送る設備をいう。」（規則 2 条の 35）

〔4〕30 メガヘルツを超える周波数の電波を使用する無線設備では、第四級アマチュア無線技士が操作を行うことができる最大空中線電力は、次のどれか。

1. 10 ワット
2. 20 ワット
3. 25 ワット
4. 50 ワット

答 2　☞132 ページ参照

〔5〕無線従事者が電波法若しくは電波法に基づく命令又はこれらに基づく処分に違反したとき、総務大臣から受けることがある処分は、次のどれか。

1. 3 か月間の無線従事者の業務の従事停止
2. 6 か月間の無線従事者の業務の従事停止
3. 6 か月間の無線従事者国家試験の受験停止
4. 3 か月以内の期間を定めた無線設備の操作範囲の制限

答 4　☞164 ページ参照

〔6〕無線局の発射する電波の質が総務省令で定めるものに適合していないと認められるときに、その無線局に対してとられることがある措置は、次のどれか。

1. 免許を取り消される。
2. 空中線の撤去を命じられる。
3. 臨時に電波の発射の停止を命じられる。
4. 周波数又は空中線電力の指定を変更される。

答 3　☞161 ページ参照

法　　　規

〔7〕アマチュア局が無線通信を行うときは、その出所を明らかにするため、何を付さなければならないか。次のうちから選べ。

1. 自局の設置場所
2. 免許人の氏名
3. 自局の呼出符号
4. 免許人の住所

答 3　☞ 140 ページ問題 12 解説 (3) 参照

〔8〕電波を発射して行う無線電話の機器の試験中、しばしばその電波の周波数により聴守を行って確かめなければならないのは、次のどれか。

1. 他の無線局から停止の要求がないかどうか。
2. 周波数の偏差が許容値を超えていないかどうか。
3. 受信機が最良の感度に調整されているかどうか。
4. 「本日は晴天なり」の連続及び自局の呼出符号の送信が 10 秒間を超えていないかどうか。

答 1　☞ 157 ページ参照

〔9〕非常通信の取扱いを開始した後、有線通信の状態が復旧した場合、次のどれによらなければならないか。

1. なるべく速くその取扱いを停止する。
2. 速やかにその取扱いを停止する。
3. 非常の事態に応じて適当な措置をとる。
4. 現に有する通報を送信した後、その取扱いを停止する。

答 2　☞ 197 ページ〔12〕参照

〔10〕空中線電力 10 ワットの無線電話を使用して応答を行う場合において、確実に連絡の設定ができると認められるとき、応答は、次のどれによることができるか。

1. どうぞ　　　　　　　　　　　1 回
2. (1) こちらは　　　　　　　　1 回
   (2) 自局の呼出符号　　　　　 1 回
3. 相手局の呼出符号　　　　　 3 回以下
4. (1) 相手局の呼出符号　　　　1 回
   (2) 自局の呼出符号　　　　　1 回

答 2　☞ 152 ページ参照

〔11〕次の文は、電波法施行規則に規定する「混信」の定義であるが、□内に入れるべき字句を下の番号から選べ。

「他の無線局の正常な業務の運行を□する電波の発射、輻射又は誘導をいう。」

1. 停止
2. 中断
3. 妨害
4. 制限

答 3　☞ 197 ページ〔11〕参照

〔12〕免許人が 1 か月以内に免許状を返納しなければならない場合に該当しないのは、次のどれか。

1. 無線局を廃止したとき。
2. 無線局の免許を取り消されたとき。
3. 無線局の免許の有効期間が満了したとき。
4. 臨時に電波の発射の停止を命じられたとき。

答 4　☞ 168 ページ参照

無 線 工 学

〔13〕インダクタンスの単位を表すものは、次のうちどれか。

1. オーム 〔Ω〕
2. ファラド〔F〕
3. ヘンリー〔H〕
4. アンペア〔A〕

答 3 ☞22ページ問題 8 解説②参照

〔14〕振幅が15〔V〕の搬送波を単一正弦波で振幅変調したとき、変調度が40〔%〕であった。その単一正弦波の振幅は幾らか。

1. 24〔V〕
2. 21〔V〕
3. 9〔V〕
4. 6〔V〕

答 4 ☞41ページ問題 12 解説①、②、③参照

〔15〕間接 FM 方式の FM（F3E）送信機についての記述で、正しいのはどれか。

1. 励振増幅器で、周波数変調を行っている。
2. 終段電力増幅器で、変調を行っている。
3. 周波数逓倍器で、所要の周波数偏移を得ている。
4. IDC 回路で、送信電力の変動を防止している。

答 3 ☞53ページ問題 11 解説④参照

〔16〕SSB（J3E）送信機において、搬送波の抑圧に役立っているのはどれか。

1. 平衡変調器
2. 振幅制限器
3. クラリファイヤ（又は RIT）
4. スピーチクリッパ

答 1 ☞50ページ問題 7 解説②参照

〔17〕図は、FM（F3E）受信機の構成の一部を示したものである。空欄の部分に入れるべき名称で、正しいのは次のうちどれか。

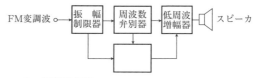

1. 局部発振器
2. AGC 回路
3. BFO 回路
4. スケルチ回路

答 4 ☞218ページ〔18〕参照

〔18〕スーパヘテロダイン受信機の周波数変換部の作用は、次のうちどれか。

1. 受信周波数を音声周波数に変える。
2. 受信周波数を中間周波数に変える。
3. 中間周波数を音声周波数に変える。
4. 音声周波数を中間周波数に変える。

答 2 ☞61ページ 問題 1 解説参照

無 線 工 学

〔19〕他の無線局に受信障害を与えるおそれが最も低いのは、次のどれか。

1. 送信電力が低下したとき
2. 寄生振動があるとき
3. 高調波が発射されたとき
4. 妨害を受ける受信アンテナが近いとき

  答 1 ☞76ページ問題11および解説参照

〔20〕送信機で28〔MHz〕の周波数の電波を発射したところ、FM放送受信に混信を与えた。送信側で考えられる混信の原因で、正しいのはどれか。

1. $\frac{1}{3}$倍の低調波が発射されている。
2. 同軸給電線が断線している。
3. スケルチを強くかけすぎている。
4. 第3高調波が強く発射されている。

  答 4 ☞191ページ〔19〕参照

〔21〕次の記述は、リチウムイオン蓄電池の特徴について述べたものである。□□□内に入れるべき字句の組合せで、正しいのはどれか。

リチウムイオン蓄電池は、小型軽量電池1個当たりの端子電圧は1.2〔V〕より A 。また、自然に少しずつ放電する自己放電量がニッケルカドミウム蓄電池より少なく、メモリー効果がないので、継ぎ足し充電が B 。

	A	B
1.	高い	できない
2.	高い	できる
3.	低い	できる
4.	低い	できない

  答 2 ☞88ページ問題16解説参照

〔22〕次の記述は、電波について述べたものである。誤っているのはどれか。

1. 光と同じく電磁波である。
2. 真空中では毎秒30万キロメートルの速度で伝搬する。
3. 大気中では音波と同じ速度で伝搬する。
4. 光より波長が長い。

  答 3 ☞89ページ問題1解説①参照

〔23〕次に挙げたアンテナのうち、最も指向性の鋭いものはどれか。

1. 水平半波長ダイポールアンテナ
2. 八木アンテナ(八木・宇田アンテナ)
3. ホイップアンテナ
4. ブラウン(グランドプレーン)アンテナ

  答 2 ☞95ページ問題10解説参照

〔24〕図に示すように、破線で囲んだ電圧計 V_0 に、V_0 の内部抵抗 r の3倍の値の直列抵抗器(倍率器)R を接続すると、測定範囲は V_0 の何倍になるか。

電圧計V_0

─ ▭ ─ : 抵抗

1. 2倍
2. 3倍
3. 4倍
4. 5倍

  答 3 ☞109ページ 問題8および解説、199ページ〔24〕計算方法参照

法　　　規

〔1〕無線局を開設しようとする者は、電波法の規定によりどのような手続きをしなければならないか。次のうちから選べ。

1. あらかじめ呼出符号の指定を受けておかなければならない。
2. 無線従事者の免許の申請書を提出しなければならない。
3. 無線局の免許の申請書を提出しなければならない。
4. あらかじめ運用開始の予定期日を届け出なければならない。

答 3 ☞ 208 ページ〔1〕参照

〔2〕アマチュア局の免許人が、総務省令で定める場合を除き、あらかじめ総合通信局長（沖縄総合通信事務所長を含む。）の許可を受けなければならない場合は、次のどれか。

1. 無線局を廃止しようとするとき。
2. 免許状の訂正を受けようとするとき。
3. 無線局の運用を休止しようとするとき。
4. 無線設備の変更の工事をしようとするとき。

答 4 ☞ 121 ページ参照

〔3〕次の文は、電波の質に関する電波法の規定であるが、□□内に入れるべき字句を下の番号から選べ。

「送信設備に使用する電波の周波数の偏差及び幅、□□等電波の質は、総務省令で定めるところに適合するものでなければならない。」

1. 信号対雑音比
2. 高調波の強度
3. 空中線電力
4. 変調度

答 2 ☞ 126 ページ参照

〔4〕30 メガヘルツを超える周波数の電波を使用する無線設備では、第四級アマチュア無線技士が操作を行うことができる最大空中線電力は、次のどれか。

1. 10 ワット
2. 20 ワット
3. 25 ワット
4. 50 ワット

答 2 ☞ 132 ページ参照

〔5〕無線従事者の免許を取り消されることがある場合は、次のどれか。

1. 引き続き 6 か月以上無線設備の操作を行わなかったとき。
2. 日本の国籍を失ったとき。
3. 電波法に違反したとき。
4. 免許証を失ったとき。

答 3 ☞ 165 ページ参照

〔6〕電波法又は電波法に基づく命令の規定に違反して運用した無線局を認めたとき、電波法の規定により免許人がとらなければならない措置は、次のどれか。

1. 総務大臣に報告する。
2. その無線局の電波の発射を停止させる。
3. その無線局の免許人に注意を与える。
4. その無線局の免許人を告発する。

答 1 ☞ 166 ページ参照

法　　規

〔7〕アマチュア局の行う通信に使用してはならない用語はどれか、次のうちから選べ。

1. 業界用語
2. 普通語
3. 暗語
4. 略語

答 3　☞ 138 ページ参照

〔8〕アマチュア局がその免許状に記載された目的の範囲を超えて運用できるのは、次のどの場合か。

1. 非常通信を行うとき。
2. 道路交通状況に関する通信を行うとき。
3. 携帯移動業務の通信を行うとき。
4. 他人から依頼された通信を行うとき。

答 1　☞ 136 ページ参照

〔9〕移動するアマチュア局（人工衛星に開設するものを除く。）の免許状は、どこに備え付けておかなければならないか。次のうちから選べ。

1. 免許人の住所
2. 無線設備の常置場所
3. 受信装置のある場所
4. 無線局事項書の写しを保管している場所

答 2　☞ 229 ページ〔8〕参照

〔10〕次の文は、無線局運用規則の規定であるが、□□□内に入れるべき字句を下の番号から選べ。

「無線局は、相手局を呼び出そうとするときは、電波を発射する前に、□□□を最良の感度に調整し、自局の発射しようとする電波の周波数その他必要と認める周波数によって聴守し、他の通信に混信を与えないことを確かめなければならない。」

1. 送信装置
2. 空中線
3. 受信機
4. 整合回路

答 3　☞ 141 ページ問題 16 解説参照

〔11〕アマチュア局は、他人の依頼による通報を送信することができるかどうか、次のうちから選べ。

1. やむを得ないと判断したものはできる。
2. 内容が簡単であればできる。
3. できる。
4. できない。

答 4　☞ 160 ページ参照

〔12〕アマチュア局は、自局の発射する電波がテレビジョン放送又はラジオ放送の受信等に支障を与えるときは、非常の場合の無線通信等を行う場合を除き、どのようにしなければならないか。次のうちから選べ。

1. 速やかに当該周波数による電波の発射を中止する。
2. 空中線電力を小さくする。
3. 障害の状況を把握し、適切な措置をしてから電波を発射する。
4. 注意しながら電波を発射する。

答 1　☞ 159 ページ参照

無 線 工 学

〔13〕半導体を用いた電子部品の温度が上昇すると、その部品の動作にどのような変化が起きるか。

1. 半導体の抵抗が減少し、電流が減少する。
2. 半導体の抵抗が減少し、電流が増加する。
3. 半導体の抵抗が増加し、電流が減少する。
4. 半導体の抵抗が増加し、電流が増加する。

答 2

半導体は周囲の温度上昇によって、内部の抵抗は減少し、流れる電流が増加します。抵抗と電流は反比例の関係です（オームの法則）。

〔14〕図に示すトランジスタ増幅器（A級増幅器）において、ベース・エミッタ間に加える直流電源 V_{BE} と、コレクタ・エミッタ間に加える直流電源 V_{CE} の組合せで、正しいのは次のうちどれか。

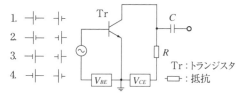

答 2　☞ 35 ページ問題 2 参照

〔15〕図に示す DSB（A3E）送信機の構成において、送信周波数 f_C と、発振周波数 f_0 との関係で正しいのはどれか。

1. $f_0 = \dfrac{1}{6} f_C$
2. $f_0 = \dfrac{1}{5} f_C$
3. $f_0 = \dfrac{1}{3} f_C$
4. $f_0 = \dfrac{1}{2} f_C$

答 1　☞ 46 ページ問題 1 解説③および⑤参照

〔16〕送信機の発振周波数を安定にするための方法として、適当でないものは次のうちどれか。

1. 発振器と後段との結合を密にする。
2. 発振器として水晶発振回路を用いる。
3. 発振器の次段に緩衝増幅器を設ける。
4. 発振器の電源電圧の変動を少なくする。

答 1　☞ 46 ページ問題 1 解説④参照

〔17〕スーパヘテロダイン受信機において、中間周波変成器（IFT）の調整が崩れ、帯域幅が広がるとどうなるか。

1. 強い電波を受信しにくくなる。
2. 周波数選択度が良くなる。
3. 近接周波数による混信を受けやすくなる。
4. 出力の信号対雑音比が良くなる。

答 3　☞ 64 ページ問題 7 解説①、②および③参照

〔18〕次の記述は、FM（F3E）受信機のどの回路についての説明か。

この回路は、受信電波が無いときに復調出力に現れる雑音電圧を利用して、低周波増幅回路の動作を止めて、耳障りな雑音がスピーカから出るのを防ぐものである。

1. 振幅制限回路
2. AFC 回路
3. 周波数弁別回路
4. スケルチ回路

答 4　☞ 66 ページ問題 10 解説②参照

無 線 工 学

〔19〕50〔MHz〕の電波を発射したところ、150〔MHz〕の電波を受信している受信機に妨害を与えた。送信機側で通常考えられる妨害の原因は、次のうちどれか。

1. 高調波が強く発射されている。
2. 送信周波数が少しずれている。
3. 同軸給電線が断線している。
4. スケルチを強くかけすぎている。

〔答〕1 ☞ 191 ページ〔19〕解説参照

〔20〕ラジオ受信機に付近の送信機から強力な電波が加わると、受信された信号が受信機の内部で変調され、BCI を起こすことがある。この現象を何変調と呼んでいるか。

1. 過変調
2. 混変調
3. 平衡変調
4. 位相変調

〔答〕2 ☞ 72 ページ問題 3 および解説、問題 4 および解説参照

〔21〕二次側コイルの巻数が 10 回の電源変圧器において、一次側に AC100〔V〕を加えたところ二次側に 5〔V〕の電圧が現れた。この電源変圧器の一次側コイルの巻数は幾らか。

1. 20 回
2. 50 回
3. 100 回
4. 200 回

〔答〕4 ☞ 219 ページ〔24〕参照
219 ページ〔24〕の解説にある式から、一次側コイルの巻数を n_1 とすると
$100 : 5 = n_1 : 10$
$5 \times n_1 = 100 \times 10$ ∴ $n_1 = \dfrac{100 \times 10}{5} = 200$〔回〕

〔22〕水平面内の指向性が図のようになるアンテナは、次のうちどれか。ただし、点 P は、アンテナの位置を示す。

1. 八木アンテナ（八木・宇田アンテナ）
2. ホイップアンテナ
3. ブラウン（グランドプレーン）アンテナ
4. 垂直半波長ダイポールアンテナ

〔答〕1 ☞ 95 ページ問題 10 解説②および問題 11 参照

〔23〕次の記述の 内に入れるべき字句の組合せで、正しいのはどれか。

電波が電離層を突き抜けるときの減衰は、周波数が低いほど A 、反射するときの減衰は、周波数が低いほど B なる。

	A	B		A	B
1.	大きく	大きく	2.	小さく	大きく
3.	大きく	小さく	4.	小さく	小さく

〔答〕3 ☞ 195 ページ〔23〕参照

〔24〕アナログ方式の回路計（テスタ）で抵抗値を測定するとき、準備操作としてメータ指針のゼロオーム調整を行うには、2 本のテストリード（テスト棒）をどのようにしたらよいか。

1. テストリード（テスト棒）は、測定する抵抗の両端に、それぞれ先端を確実に接触させる。
2. テストリード（テスト棒）は、先端を接触させて短絡（ショート）状態にする。
3. テストリード（テスト棒）は、先端を離し開放状態にする。
4. テストリード（テスト棒）は、測定端子よりはずしておく。

〔答〕2 ☞ 215 ページ〔24〕参照

法　　　規

〔1〕電波法施行規則に規定する「アマチュア業務」の定義は、次のどれか。

1.　金銭上の利益のためでなく、もっぱら個人的な無線技術の興味によって行う自己訓練、通信及び技術的研究の業務をいう。
2.　金銭上の利益のためでなく、もっぱら無線通信の自己訓練のために行う業務をいう。
3.　金銭上の利益のためでなく、もっぱら個人的な無線技術の興味によって行う技術的研究の業務をいう。
4.　金銭上の利益のためでなく、科学又は技術の発達のために行う個人的な技術的研究の無線通信の業務をいう。

答　1　☞ 117 ページ参照

〔2〕アマチュア局の免許人が、あらかじめ総合通信局長（沖縄総合通信事務所長を含む。）の許可を受けなければならない場合は、次のどれか。

1.　免許状の訂正を受けようとするとき。
2.　無線局の運用を休止しようとするとき。
3.　無線設備の設置場所を変更しようとするとき。
4.　無線局を廃止しようとするとき。

答　3　☞ 121 ページ参照

〔3〕次の文は、電波の質に関する電波法の規定であるが、□□□内に入れるべき字句を下の番号から選べ。

「送信設備に使用する電波の周波数の偏差及び幅、□□□等電波の質は、総務省令で定めるところに適合するものでなければならない。」

1.　変調度
2.　空中線電力
3.　高調波の強度
4.　信号対雑音比

答　3　☞ 126 ページ参照

〔4〕無線従事者は、その業務に従事しているときは、免許証をどのようにしていなければならないか。次のうちから選べ。

1.　通信室内の見やすい箇所に掲げる。
2.　通信室内に保管する。
3.　無線局に備え付ける。
4.　携帯する。

答　4　☞ 133 ページ参照

〔5〕免許人は、電波法に違反して運用した無線局を認めたとき、電波法の規定により、どのようにしなければならないか。次のうちから選べ。

1.　総務大臣に報告する。
2.　その無線局の電波の発射を停止させる。
3.　その無線局の免許人にその旨を通知する。
4.　その無線局の免許人を告発する。

答　1　☞ 167 ページ参照

〔6〕免許人が電波法に基づく処分に違反したときに、その無線局について総務大臣から受けることがある処分は、次のどれか。

1.　電波の型式の制限
2.　運用の停止
3.　送信空中線の撤去命令
4.　通信事項の制限

答　2　☞ 163 ページ参照

法　　　規

〔7〕アマチュア局の行う通信に使用してはならない用語はどれか。次のうちから選べ。

1. 業務用語
2. 普通語
3. 暗語
4. 略語

答 3 ☞138 ページ参照

〔10〕無線局を運用する場合において、電波の型式は、遭難通信を行う場合を除き、次のどれに記載されたところによらなければならないか。

1. 無線局免許申請書
2. 無線局事項書
3. 免許証
4. 免許状

答 4 ☞138 ページ参照

〔8〕無線電話通信において、自局に対する呼び出しを受信した場合に、呼出局の呼出符号が不確実であるときは、応答事項のうち相手局の呼出符号の代わりに、次のどれを使用して直ちに応答しなければならないか。

1. 再びこちらを呼んでください。
2. 誰かこちらを呼びましたか。
3. 貴局名は何ですか。
4. 反復願います。

答 2 ☞153 ページ問題 39 解説参照

〔11〕無線電話の機器の調整中、しばしばその電波の周波数により聴守を行って確かめなければならないのは、次のどれか。

1. 他に当該周波数による電波の発射がないかどうか。
2. 周波数の偏差が許容値を超えていないかどうか。
3. 受信機が最良の感度に調整されているかどうか。
4. 他の無線局から停止の要求がないかどうか。

答 4 ☞157 ページ参照

〔9〕移動するアマチュア局（人工衛星に開設するものを除く）の免許状は、どこに備え付けておかなければならないか。次のうちから選べ。

1. 受信装置のある場所
2. 無線設備の常置場所
3. 免許人の住所
4. 無線局事項書の写しを保管している場所

答 2 ☞229 ページ〔8〕参照

〔12〕無線局において、「非常」を前置した呼出しを受信した場合は、応答する場合を除き、次のどれによらなければならないか。

1. 混信を与えるおそれのある電波の発射を停止して傍受する。
2. 直ちに非常災害対策本部に通知する。
3. すべての電波の発射を停止する。
4. 直ちに付近の無線局に通報する。

答 1 ☞159 ページ参照

〔13〕図に示す NPN 型トランジスタの図記号において、電極 a の名称は、次のうちどれか。

1. エミッタ
2. ベース
3. コレクタ
4. ゲート

答 3 ☞ 34 ページ問題 1 解説①参照

〔14〕図は、トランジスタ増幅器の V_{BE} – I_C 特性曲線の一例である。特性の P 点を動作点とする増幅方式の名称として、正しいのは次のうちどれか。

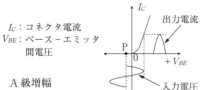

I_C：コネクタ電流
V_{BE}：ベース－エミッタ間電圧

1. A 級増幅
2. B 級増幅
3. C 級増幅
4. AB 級増幅

答 3 ☞ 37 ページ問題 6 解説参照

〔15〕送信機の発振周波数を安定にするための方法として、適当でないものは次のうちどれか。

1. 発振器の次段に緩衝増幅器を設ける。
2. 発振器として水晶発振回路を用いる。
3. 発振器と後段との結合を密にする。
4. 発振器の電源電圧の変動を少なくする。

答 3 ☞ 46 ページ問題 1 解説④参照

〔16〕図に示す SSB (J3E) 波を発生させるための回路の構成において、出力に現れる周波数成分は、次のうちどれか。

1. $f_C - f_S$
2. $f_C + f_S$
3. $f_C \pm f_S$
4. $f_C + 2f_S$

答 2 ☞ 48 ページ問題 5 解説①参照

〔17〕スーパヘテロダイン受信機の周波数変換部の働きは、次のうちどれか。

1. 受信周波数を音声周波数に変える。
2. 音声周波数を中間周波数に変える。
3. 中間周波数を音声周波数に変える。
4. 受信周波数を中間周波数に変える。

答 4 ☞ 62 ページ問題 4 参照

〔18〕受信電波の強さが変動しても、受信出力を一定にする働きをするものは、何と呼ばれるか。

1. AGC
2. BFO
3. AFC
4. DC

答 1 ☞ 65 ページ問題 8 解説②および注意参照

無 線 工 学

〔19〕ラジオ受信機に付近の送信機から強力な電波が加わると、受信された信号が受信機の内部で変調され、BCI を起こすことがある。この現象を何変調と呼んでいるか。

1. 過変調
2. 平衡変調
3. 混変調
4. 位相変調

答 3 ☞72 ページ問題 3 および解説、問題 4 および解説参照

〔20〕アマチュア局から発射された 435〔MHz〕帯の基本波が地デジ（地上デジタルテレビ放送 470 ～ 710〔MHz〕）のアンテナ直下型受信ブースタに混入し電波障害を与えた。この防止対策として、地デジアンテナと受信用ブースタとの間に挿入すればよいのは、次のうちどれか。

1. ラインフィルタ
2. トラップフィルタ（BEF）
3. 同軸避雷器
4. SWR メータ

答 2 ☞77 ページ問題 14 参照

〔21〕図は、半導体ダイオードを用いた半波整流回路である。この回路に流れる電流の方向と出力電圧の極性との組合せで、正しいのは次のうちどれか。

電流 i の方向　極　性

☐：抵抗
D：ダイオード

	電流 i の方向	出力電圧の極性
1.	ⓐ	ⓒ
2.	ⓐ	ⓓ
3.	ⓑ	ⓓ
4.	ⓑ	ⓒ

答 4 ☞79 ページ問題 3 および解説参照

〔22〕通常、水平面内の指向性が全方向性（無指向性）として使用されるアンテナは、次のうちどれか。

1. 垂直半波長ダイポールアンテナ
2. 八木アンテナ（八木・宇田アンテナ）
3. パラボラアンテナ
4. 水平半波長ダイポールアンテナ

答 1 ☞93 ページ問題 7、92 ページ問題 6 および解説参照

〔23〕次の記述の ☐ 内に入れるべき字句の組合せで、正しいのはどれか。

送信所から発射された短波（ＨＦ）の電波が ☐Ａ☐ で反射されて、初めて地上に達する地点と送信所との地上距離を ☐Ｂ☐ という。

	Ａ	Ｂ
1.	大地	焦点距離
2.	大地	跳躍距離
3.	電離層	焦点距離
4.	電離層	跳躍距離

答 4 ☞101 ページ問題 6 および解説参照

〔24〕SWR メータで測定できるのは、次のうちどれか。

1. 周波数
2. 電気抵抗
3. 定在波比
4. 変調度

答 3 ☞112 ページ問題 12 解説③および 113 ページ問題 13 参照

第4級アマチュア無線技士試験問題 15

法　　　規

〔1〕 電波法施行規則に規定する「アマチュア業務」の定義であるが、□□□内に入れるべき字句を下の番号から選べ。

「金銭上の利益のためでなく、もっぱら個人的な無線技術の興味によって行う□□□、通信及び技術的研究の業務をいう。」

1. 自己形成
2. 自己啓発
3. 自己訓練
4. 自主管理

答 3 ☞ 117 ページ参照

〔2〕 総務大臣又は総合通信局長（沖縄総合通信事務所長を含む。）が無線局の再免許の申請を行った者に対して、免許を与えるときに指定する事項はどれか。次のうちから選べ。

1. 電波の型式及び周波数
2. 空中線の型式及び構成
3. 無線設備の設置場所
4. 通信の相手方

答 1 ☞ 124 ページ参照

〔3〕 単一チャネルのアナログ信号で振幅変調した両側波帯の電話の電波の型式を表示する記号は、次のどれか。

1. R3E
2. J3E
3. H3E
4. A3E

答 4 ☞ 127 ページ参照

〔4〕 21 メガヘルツから 30 メガヘルツまでの周波数の電波を使用する無線設備では、第四級アマチュア無線技士が操作を行うことができる最大空中線電力は、次のどれか。

1. 10 ワット
2. 20 ワット
3. 25 ワット
4. 50 ワット

答 1 ☞ 132 ページ参照

〔5〕 免許人が電波法に基づく処分に違反したときに、その無線局について総務大臣から受けることがある処分は、次のどれか。

1. 電波の型式の制限
2. 運用の停止
3. 送信空中線の撤去命令
4. 通信事項の制限

答 2 ☞ 163 ページ参照

〔6〕 無線局が総務大臣から臨時に電波の発射の停止を命じられることがある場合は、次のどれか。

1. 暗語を使用して通信を行ったとき。
2. 発射する電波が他の無線局の通信に混信を与えたとき。
3. 免許状に記載された空中線電力の範囲を超えて運用したとき。
4. 発射する電波の質が総務省令で定めるものに適合していないと認められるとき。

答 4 ☞ 161 ページ参照

法　　　　規

〔7〕免許人は免許状を破損したために免許状の再交付を受けたとき、旧免許状をどのようにしなければならないか。次のうちから選べ。

1. 保存しておく。
2. 遅滞なく廃棄する。
3. 遅滞なく返す。
4. 一緒に掲示する。

答 3　☞ 168 ページ参照

〔8〕アマチュア局は、他人の依頼による通報を送信することができるかどうか。次のうちから選べ。

1. やむを得ないと判断したものはできる。
2. 内容が簡単であればできる。
3. できる。
4. できない。

答 4　☞ 160 ページ参照

〔9〕無線電話による自局に対する呼出しを受信した場合において、呼出局の呼出符号が不確実であるときは、次のどれによらなければならないか。

1. 応答事項のうち相手局の呼出符号の代わりに「誰かこちらを呼びましたか」の略語を使用して、直ちに応答する。
2. 応答事項のうち相手局の呼出符号の代わりに「貴局名は何ですか」の略語を使用して、直ちに応答する。
3. 応答事項のうち相手局の呼出符号を省略して、直ちに応答する。
4. 呼出局の呼出符号が確実に判明するまで応答しない。

答 1　☞ 153 ページ　問題 39　解説参照

〔10〕非常の場合の無線通信において、無線電話により連絡を設定するための呼出しは、呼出事項に「非常」の略語を何回前置して行うことになっているか。次のうちから選べ。

1. 1 回
2. 2 回
3. 3 回
4. 4 回

答 3　☞ 158 ページ参照

〔11〕次の文は、アマチュア局における発射の制限に関する無線局運用規則の規定であるが、□□□内に入れるべき字句を下の番号から選べ。

「アマチュア無線局においては、その発射の占有する□□□に含まれるいかなるエネルギーの発射も、その局が動作することを許された周波数帯から逸脱してはならない。」

1. 周波数
2. 特性周波数
3. 基準周波数
4. 周波数帯幅

答 4　☞ 193 ページ〔12〕参照

〔12〕次の文は、無線局運用規則の規定であるが、□□□内に入れるべき字句を下の番号から選べ。

「無線通信は、正確に行うものとし、通信上の誤りを知ったときは、□□□」

1. 初めから更に送信しなければならない。
2. 直ちに訂正しなければならない。
3. 適宜に通報の訂正を行わなければならない。
4. 通報の送信が終わった後、訂正箇所を通知しなければならない。

答 2　☞ 140 ページ問題 14 解説④参照

無　線　工　学

〔13〕 図に示す回路において、端子 ab 間の電圧の値で、正しいのは次のうちどれか。

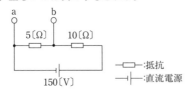

1.　50〔V〕
2.　75〔V〕
3.　100〔V〕
4.　150〔V〕

　答 1 ☞20 ページ問題 7 解説参照
150V を 5〔Ω〕と 10〔Ω〕にかかる電圧に分ければよいので、全体の合成抵抗 5 ＋ 10 ＝ 15〔Ω〕と ab 間の抵抗 5〔Ω〕の比の値 $\frac{5}{15} = \frac{1}{3}$ に 150〔V〕をかければ答となります。

〔14〕 小さい振幅の信号を、より大きな振幅の信号にする回路は、次のうちどれか。

1.　発振回路
2.　増幅回路
3.　変調回路
4.　検波回路

　答 2 ☞34 ページ問題 1 解説参照

〔15〕 同じ音声信号を用いて振幅変調（AM）と周波数変調（FM）をおこなったとき、AM 波と比べて FM 波の占有周波数帯幅の一般的な特徴はどれか。

1.　広い
2.　狭い
3.　同じ
4.　半分

　答 1 ☞52 ページ問題 11 解説参照

〔16〕 次の記述の□□内に入れるべき字句の組合せで、正しいものはどれか。

　　SSB（J3E）送信機では、□A□増幅器の入力レベルを制限し、送信出力がひずまないように、□B□回路が用いられる。

　　　A　　　　　　B
1.　電力　　　　　IDC
2.　電力　　　　　ALC
3.　緩衝　　　　　IDC
4.　緩衝　　　　　ALC

　答 2 ☞53 ページ問題 11 解説③および⑤参照

〔17〕 スーパヘテロダイン受信機において、影像周波数による混信を軽減する方法で誤っているのは、次のうちどれか。

1.　アンテナ回路にウェーブトラップをそう入する。
2.　高周波増幅部の選択度を良くする。
3.　中間周波増幅部の利得を下げる。
4.　中間周波数を高くする。

　答 3 ☞70 ページ問題 18 参照

〔18〕 FM（F3E）受信機の、周波数弁別器の働きについて述べているのは、次のうちどれか。

1.　近接周波数による混信を除去する。
2.　受信電波が無くなったときに生ずる大きな雑音を消す。
3.　受信電波の振幅を一定にして、振幅変調成分を取り除く。
4.　受信電波の周波数の変化から、信号波を取り出す。

　答 4 ☞68 ページ問題 14 参照

無 線 工 学

〔19〕送信機で 28〔MHz〕の周波数の電波を発射したところ、FM 放送受信に混信を与えた。送信側で考えられる混信の原因で、正しいのはどれか。

1. $\frac{1}{3}$ 倍の低調波が発射されている。
2. 同軸給電線が断線している。
3. スケルチを強くかけすぎている。
4. 第3高調波が強く発射されている。

〔答〕4 ☞ 191 ページ〔19〕参照

〔20〕アマチュア局の電波が近所のラジオ受信機に電波障害を与えることがあるが、これを通常何といっているか。

1. アンプ I
2. TVI
3. テレホン I
4. BCI

〔答〕4 ☞ 72 ページ問題 2 および解説参照

〔21〕同じ規格の乾電池を並列に接続して使用する目的は、次のうちどれか。

1. 使用時間を長くする。
2. 雑音を少なくする。
3. 電圧を高くする。
4. 電圧を低くする。

〔答〕1 ☞ 86 ページ問題 14 解説①および②参照

〔22〕八木アンテナ(八木・宇田アンテナ)の導波器が無くなった場合、アンテナの性能はどうなるか。

1. 全方向(無指向性)になる。
2. 指向性が広がる。
3. 指向方向が逆転する。
4. 電波が放射されなくなる。

〔答〕2 ☞ 95 ページ問題 10 解説②および③参照

〔23〕超短波(VHF)の伝わり方で正しいのはどれか。

1. 主に見通し距離内を伝わる。
2. 主に地表波が伝わる。
3. 昼間と夜間では伝わり方が大きく異なる。
4. 電離層と大地の間で反射を繰返して伝わる。

〔答〕1 ☞ 99 ページ問題 2 解説図および 219 ページ〔23〕解説参照

〔24〕図に示すように、破線で囲んだ電流計 A_0 に、A_0 の内部抵抗 r の 4 分の 1 の値の分流器 R を接続すると、測定範囲は A_0 の何倍になるか。

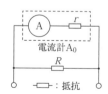

電流計 A_0

R

1. 2 倍
2. 4 倍
3. 5 倍
4. 6 倍

□ ：抵抗

〔答〕3 ☞ 109 ページ問題 5 参照

【追録・正誤】などの情報は「CQ出版社」ホームページ内、「ハム国試・
追録情報」からご覧いただけます。

　　　http://cc.cqpub.co.jp/system/contents/426/

【本書の内容についてお気づきの点は】

書名・発行年月日・お名前・ご住所・電話番号・FAX番号を明記の上、
郵送またはFAXでお問い合わせください。

　　　〒112-8619　東京都文京区千石4-29-14　CQ出版社
　　　「国家試験問題集係」　　　　　FAX. 03-5395-2100

○お電話でのお問い合わせは受け付けておりません。

○質問指導は行っておりません。

アマチュア無線技士国家試験

第3級/第4級ハム解説つき問題集 統合版

2020年3月1日　初版発行　　　　　　© 野口 幸雄 / 深山 武 2020

編著者　野口　幸雄
　　　　深山　武
発行人　小澤　拓治
発行所　CQ出版株式会社
　　　　〒112-8619　東京都文京区千石4-29-14
電　話　編集 03-5395-2149
　　　　販売 03-5395-2141
振　替　00100-7-10665

乱丁・落丁本はお取り替えします。
定価はカバーに表示してあります。
ISBN978-4-7898-1955-8

編集担当者　櫻田　洋一
DTP　クニメディア(株)
印刷・製本　三晃印刷(株)
Printed in Japan

③

●分数の計算法

■〔たし算、ひき算〕

(1) 分母の同じ分数のたし算、ひき算は分子についてだけ計算します。

$$\frac{b}{a} + \frac{c}{a} = \frac{b+c}{a} \qquad \text{〔例〕} \frac{1}{3} + \frac{2}{3} = \frac{1+2}{3} = \frac{3}{3} = 1$$

$$\frac{b}{a} - \frac{c}{a} = \frac{b-c}{a} \qquad \text{〔例〕} \frac{2}{3} - \frac{1}{3} = \frac{2-1}{3} = \frac{1}{3}$$

(2) 分母の違う分数のたし算、ひき算は、まずそれらを通分して、分母の同じ分数になおしてから計算します。

$$\frac{a}{b} + \frac{c}{d} = \frac{ad+bc}{bd} \qquad \text{〔例〕} \frac{2}{3} + \frac{1}{2} = \frac{4+3}{6} = \frac{7}{6}$$

$$\frac{a}{b} - \frac{c}{d} = \frac{ad-bc}{bd} \qquad \text{〔例〕} \frac{2}{3} - \frac{1}{2} = \frac{4-3}{6} = \frac{1}{6}$$

■〔かけ算、わり算〕

(3) 分数と整数（ふつうの数）とをかけるには、分子と整数との積（かけ合わせた数）を分子とする分数を作ります。

$$a \times \frac{b}{c} = \frac{ab}{c} \qquad \text{〔例〕} 3 \times \frac{1}{2} = \frac{3}{2}$$

$$\frac{b}{c} \times a = \frac{ba}{c} \qquad \text{〔例〕} \frac{1}{2} \times 3 = \frac{3}{2}$$

(4) 分数と分数をかけるには、分子と分子、分母と分母をかけ合わせた分数を作ります。

$$\frac{a}{b} \times \frac{c}{d} = \frac{ac}{bd} \qquad \text{〔例〕} \frac{2}{3} \times \frac{1}{2} = \frac{2}{6} = \frac{1}{3}$$

(5) 分数を整数でわるには、わる数の逆数をかけます。また、整数を分数でわるには、その分数の逆数をかけます。

$$\frac{a}{b} \div c = \frac{a}{b} \times \frac{1}{c} \qquad \text{〔例〕} \frac{1}{3} \div 2 = \frac{1}{3} \times \frac{1}{2} = \frac{1}{6}$$

$$a \div \frac{c}{b} = a \times \frac{b}{c} \qquad \text{〔例〕} 2 \div \frac{1}{3} = 2 \times \frac{3}{1} = \frac{6}{1}$$

(6) 分数を分数でわるには、わるほうの分数の逆数をかけます。

$$\frac{a}{b} \div \frac{c}{d} = \frac{a}{b} \times \frac{d}{c} = \frac{ad}{bc} \qquad \text{〔例〕} \frac{2}{3} \div \frac{1}{2} = \frac{2}{3} \times \frac{2}{1} = \frac{4}{3}$$

■〔分数の性質〕

(7) 分数の分母と分子に同じ数をかけても、また同じ数でわっても、その大きさは変わりません。

$$\text{〔例〕} \quad \frac{2}{4} = \frac{2 \times 3}{4 \times 3} = \frac{6}{12} \qquad\qquad \frac{3}{9} = \frac{3 \div 3}{9 \div 3} = \frac{1}{3}$$

■〔分数の通分〕

(8) 2つ以上の分数の分母の数を同じにして計算を容易にすることをいいます。

$$\text{〔例〕} \quad \frac{2}{4} + \frac{2}{3} = \frac{2 \times 3}{4 \times 3} + \frac{2 \times 4}{3 \times 4} = \frac{6}{12} + \frac{8}{12} = \frac{14}{12} = \frac{7}{6}$$

●指数の計算法

(1) 2^3 は $2 \times 2 \times 2$ のように、2を3回かけることを表し、10^4 は $10 \times 10 \times 10 \times 10$ のように、10を4回かけることを表します。一般に a を n 回かけることを a^n と書き、これを a の n 乗といいます。